건축의 마취제

THE ANAESTHETICS OF ARCHITECTURE

건축의 마취제

THE ANAESTHETICS OF ARCHITECTURE

Neil Leach 지음 / 송종은 옮김

ACA

초판 1쇄 2020년 5월 25일

Neil Leach 지음
송종은 옮김

발행처: ACA
발행인: 송종열

공급처: 시공문화사(**Spacetime**)
주소: 서울시 서대문구 독립문공원길 13 (03733) 극동프라자 5층
전화: 02) 3147-1212
팩스: 02) 3147-2626

http://www.spacetime.co.kr
mail: spacetime@korea.com

편집: Design Battery
인쇄: (주)예림인쇄사
제본: (주)서정바인텍
용지: (주)대림지업사

파본은 교환해 드립니다. 본서의 복사 · 복제를 금합니다.
ISBN: 978-89-5592-433-6

정가: 9,500원

목차

일러두기

1. 이 책은 1999년에 출간된 Neil Leach, 『The Anaesthetics of Architecture』의 번역이다. 본문에서 '오늘날', '최근' 의 시점은 출간 당시 1999년을 기준으로 한다.

2. 본 번역서는 원서의 체계를 그대로 유지하였다. 다만 원문에 대한 독자의 이해를 돕기 위해 지은이의 원주에 이어 옮긴이가 역주를 추가하였다. 각 장별로 원주는 숫자로, 역주는 [숫자]로 구분하여 표기하였다.

3. 원문에서 저자가 선택한 용어의 의미와 의도를 살리기 위해 국문으로 옮기는 과정에서 다의적으로 해석될 여지가 있는 용어에 대해서는 원문표현을 병기하였다.

4. 인명, 지명의 표기는 외래어 국문 표기법에 따르고 원문표현을 병기하였다. 본문에서 인용된 저술명은 국문과 원문을 병기하였고 원서에는 없는 기호를 추가하여 본문의 내용과 구분이 용이하도록 하였다.

5. 역주의 내용은 보편화 된 정보를 정리하였고, 별도의 출처는 표기하지 않았다.

6. 근대(성) 또는 현대(성)으로 번역되는 "modern", "modernity"는 본문의 맥락에 따라 "근대(성)"으로 번역하였다.

서문

이 글은 현대 철학과 문화이론을 바탕으로 한다. 특히, 발터 벤야민Walter Benjamin을 비롯한 저자들로부터 기 드보르Guy Debord와 보드리야르Jean Baudrillard에 이르기까지, 이미지에 관한 주제에 대해 비판적인 유럽 사고의 전통을 개관한다. 이 사상가들은 동일한 관점을 공유하고 있지는 않지만—그들 제각각의 입장 사이에는 참으로 많은 차이와 긴장이 존재한다.—그들의 저작은 이미지의 역할에 대해 강도 높게 비판하고 있다. 건축 영역에 이러한 비평들을 끌어옴으로써, 이 책은 건축분야에 신선한 아이디어를 제공하고 최근 수년간 군림해 온 흔한 고정적 사고에 도전하고자 한다.

이 책의 이면에 놓인 전제前提는 건축가들이 자신들의 분야에 손해를 끼칠 정도로, 점점 더 이미지와 이미지 만들기에 집착하게 되었다는 것이다. 이러한 이미지들에 의해 유발된 감각적 자극은 건축가들을 일상생활의 실질적인 관심사와는 거리가 먼 미적 보호막의 보살핌을 받도록 내버려 둔 채, 사회적 · 정치적 인식을 축소시키는 최면 효과를 지닐 수도 있다. 이 책은 이미지에 도취된 세계에서의 건축 미학이 건축의 마취제가 될 우려가 있다고 주장한다. 미학에 도취되는 것은 도취의 미학과 그 결과로 인한 비판적 인식의 저하로 이어진다. 그 결과로 발생하는 것은 생각 없는 소비문화로서 더 이상 의미 있는 담론이 가능하지 않다. 그와 같은 문화에서 유일하게 효율적인 전략은 유혹이다. 건축 디자인은 공허하고 유혹적인 형태의 피상적 유희로 전락하였고 철학은 이 형태들을 정당화하기 위한 지적 허식으로 전용되고 있다.

감사의 글

이 책은 노팅엄 대학교Nottingham의 비판이론집단에서 진행한 토론들에서 비롯되었다. 나는 노팅엄대학교의 건축과 비평이론 석사과정 학생들과 이 과정을 지도하며 논의에 기여하였던 동료들에게 빚을 졌다.

나는 수년간 지지해준 동료들과 친구들에게 그리고 특히 이 특별한 책에 대해 조언을 주었던 앤드류 밴자민Andrew Benjamin, 피터 칼Peter Carl, 사라 채플린Sarah Chaplin, 맷 코넬Matt Connell, 데런 딘Daren Deane, 데이빗 프리스비David Frisby, 그레엄 길록Graem Gilloch, 조다난 헤일Jonathan Hale, 본 하르트Vaughan Hart, 폴 헤가르티Paul Hegarty, 에릭 홀딩Eric Holding, 빌 허트슨Bill Hutson, 엘레노어 코프만Eleonore Kofman, 수잔 막스Susan Marks, 버나드 맥거크Bernard McGuirk, 조 모스Jo Moss, 질레스 피커Giles Peaker, 도이나 프트레스쿠Doina Petrescu, 제인 랜델Jane Rendell, 카드리나 루에디Katrina Ruedi, 조셉 리쿼트Joseph Rykwert, 이오아나 샌디Ioana Sandi, 이본 셰럿Yvonne Sherratt, 존 시몬스Jon Simons, 크리스티나 우지나Christina Ujma, 달리보르 베슬리Dalibor Vesely, 사라 위글즈워스Sarah Wigglesworth, 로즈메리 윌슨Rosemary Wilson, 그리고 트레시 윈튼Tracey Winton에게 감사를 전한다.

끝으로, 처음부터 이 프로젝트에 대한 로저 코노버Roger Conover의 변치 않는 열정에 고마움을 전하고 싶다.

건축의 마취제

1
이미지 포화상태
SATURATION OF THE IMAGE

우리는 오늘날 상황을 '커뮤니케이션의 엑스터시The Ecstasy of Communication'라는 용어로 묘사해 왔다.[1] 오늘날 미디어 사회에서의 원거리 통신과 시각적 재생 기법의 기술적 진보는 이미지들이 우리에게 끊임없이 밀려들고 있다는 것을 확인시켜준다. 텔레비전, 팩스, 복사기와 컴퓨터는 개인과 전 세계의 소통망을 이어주는 디지털화된 자극의 전달체로서, 정보 고속도로 시대의 가상 윈도우가 되었다. 현대적인 사무공간과 가정은 재생된 이미지와 정보들로 넘쳐난다. 예를 들어, 정규 뉴스, 시간대별 뉴스, 영화 예고편, 첫 상영 영화, 개봉 영화, 비디오, 케이블 TV 방송 영화 등이 있다. 이는 복사 문화, 포화상태의 사회, 제2의 흐름이다. 세계는 무한대로 "복제"되게 되었다.[2]

일반적으로 이러한 이미지의 홍수가 커뮤니케이션을 고도로 촉진시키는 "정보사회"로 이끌어 줄 것이라 가정해 왔다. 그러나 일부 평론가에 따르면, 이러한 "커뮤니케이션의 엑스터시"는 엄밀히 말해 그 반대효과를 지닌다. 즉 "우리는 하나의 세계 속에서 살아가고 있으며" 프랑스 문화 이론가 보드리야르가 상정했던 것처럼 "이 세계는 정보가 많으면 많을수록 의미는 점점 축소되는 곳"이다.[3] 기호 그 자체가 보이지 않게 된 것은 이 같은 이미지의 무한한 복제, 기호sign들의 무한한 증식에 있다. 기호는 더 이상 어떠한 의미도 지니지 않는다. 보드리야르가 이 같은 상황을 촉진시킨 원인이 무엇인지 의문을 갖게 된 것은 이 때문이다. 정보가 의미를 "생산"하지만 그 과정에 "구멍이 생겨" 시스템이 배처럼 좌초되고 마는 것인가? 이러한 논지에 따르자면, "의미와 내용을 다시 주입하려는 노력에도 불구하고, 의미는 빠져나가고 그것을 저지할 수 있는 것보다 더 빨리 의미를 삼켜 버리는 것이다."[4] 그것이 아니라면 정보는 의미와는 아무런 관계가 없다는 것이며, 그래서 정보는 순전히 기술적 매체로서, 의미가 정보에 들러붙는다는 것인가? 혹은 보드리야르가 제시한 것처럼, 결국 그 둘 사이의 부정적인 고리가 있어서, 정보가 의미를 파괴하거나 무효화해버리는 것인가? 이런 경우 "의미 상실은 정보, 매체, 대중매체가 의미를 용해시키고 억제하는 작용과 직접적인 관련이 있다."[5]

이것이 보드리야르가 추구하는 최종모형이다. 이 모형은 정보가 의미를 생산한다는 공통적으로 갖고 있는 아래와 같은 가정에 도전한다.

> 모든 분야에서, 정보는 가속화된 의미순환, 즉 자본의 회전을 가속화하는 원인으로 작용하는 경제적인 잉여가치에 상응하는 의미의 잉여가치를 만들어내는 것으로 생각한다. 정보는 커뮤니케이션을 창출하는 것으로 생각하며, 비록 정보의 낭비가 막대하다 할지라도, 그럼에도 불구하고 전체적으로는 의미가 넘쳐난다는 데에는 일반적인 공감대가 형성되어 있는 것 같다.

그렇다면, 보드리야르Jean Baudrillard가 볼 때, 우리는 정보가 의미를 생산한다고 생각하지만, 실제로는 그 반대 상황이 벌어지고 있다는 것이다. 의미를 거부하는 것은 정확히 말해 과다한 정보 때문이다. 즉 "정보는 내용 자체를 집어삼킨다. 정보는 커뮤니케이션과 사회적인 것들을 집어삼킨다." 보드리야르는 이 외견상 모순적인 상황을 두 가지 요인 탓으로 돌린다. 첫 번째, 정보는 커뮤니케이션을 창출한다기보다 커뮤니케이션 과정에서 스스로를 소진시킨다. 따라서 의미 또한 의미를 무대에 올리는 동안 스스로 소진된다. 두 번째, 보드리야르에 따르면, 정보의 압박은 "불가피하게 사회적인 것의 구조를 해체하는 과정을 쫓는다." "따라서 정보는 의미와 사회적인 것을 녹여 없애 버린다. 말하자면 혁신으로 인한 잉여에 이바지하는 것이 아니라 그와 반대로 총체적 불확실성에 이바지하는 모호한 상태에서 말이다.[6] 보드리야르는 엑손社Exxon Corporation가 제출한 열두 권 분량의 보고서를 사례로 든다. 그것은 어느 누구도 그 정보를 받아들일 수 없을 정도의 방대한 보고서다. "엑손社: 미국 정부는 전 세계 다국적 활동과 관련한 완벽한 보고서를 요구하였다. 그 결과물은 천 페이지에 달하는 열 두 권의 보고서로서, 분석은 고사하고 읽는 것만도 수년이 넘게 걸리는 작업일 것이다. 정보는 어디에 있는가?"[7] 이 같은 상황은 우리의 문화적 상황, 즉 보드리야르의 말을 빌리자면, 시뮬라시옹[1]과 하이퍼리얼리티[2]가 지배하는 지금의 문화적 상황에 의해 더욱 악화되었다. 이미지 그 자체는 새로운 현실, 즉 하이퍼리얼리티—밀폐된 곳에 스스로를 봉인한 채 현실세계 위로 떠도는 가상의 세계—가 되었다. 그것은 현실세계의 관계 항들과 접촉이 끊어진 세계인데, 역설적이게도 그곳에서 '리얼' 이란 말은 다국적 기업들이 낚아채어, 현실세계의 바로 그 진정성 부재에 대항해 진정성을 주장하는 공허한 광고문구로 바꿔 놓았는데, 그 "진정성"은 하이퍼리얼리티의 하이퍼마켓에서 유통되는 모조화폐와 같은 수상쩍은 것이 되어버린다. 공장에서 제조된 "천연" 성분으로 만든 코카-콜라의 세계, 외견상 어디서 왔는지 알 수 없고 전산화된 보이지 않는 신용으로 지불되는 상품들로 이루어진 꿈-세계, 그것은 "실제로 일어나는 일"이다.

가상적인 것이 "실제적인" 것이 되는 세계에는 더 이상 실제적인 것을 위한 장소가 없다. 20세기가 만들어낸 "완전 범죄" 속에서, 실제성reality 그 자체는 도둑맞고 말았다.[8] 이 같은 소비문화의 전형적인 드림-센터인 디즈니랜드보다 그러한 은폐가 뚜렷하게 드러나는 곳도 없다. 왜냐하면 보드리야르가 주장한 것처럼, 디즈니랜드는 일종의 가상세계, 즉 외부의 현실세계와 대조를 이루는 공상의 왕국으로 스스로를 드러내 보이기 때문이다. 그리고 디즈니랜드가 일궈낸 가장 큰 성공은 그것이 공상이라는 것을 믿도록 만들었다는 점이다. 그렇게 함으로써 디즈니랜드는 외부세계에 권위를 부여한다. 디즈니랜드는 현실세계의 "버팀목"이 되는 가공의 세계이며, 바깥세상이 현실이라 믿도록 만드는 공상의 왕국인 것이다. 반면 가장 큰 속임수가 발생하는 곳도 이곳이다. 왜냐하면 외부세계는 더 이상 "실제적인" 것에 속하지 않고 하이퍼-리얼에 속하기 때문이다. 그리고 보드리야르가 관찰한 바에 따르면, 디즈니랜드는 엄밀히 말해 그러한 하이퍼-리얼한 외부세계의 일부일 뿐이다. 그것은 바로 미국적 가치들을 복제한 것이다. 그리고 사람들이 이러한 공상의 신화를 믿는다면, 그것은 단지 사람들이 그것을 믿기를 원하기 때문이다. 디즈니화하기는 20세기의 신흥 종교가 되었다. 꿈을 전 세계에 조달하는 디즈니 산업이 당신에게 가져다주는 꿈의 세계never-never world, 그 속에 꿈과 현실이 뒤엉켜 있다.

마찬가지로 그러한 귀결이 담고 있는 사실은 외부세계 역시 동일하게 디즈니의 일부라는 것이다. 서구문화 전체가 이러한 신드롬에 의해 소비되어왔다. 이러한 맥

1.1 유로디즈니 성. 사진: 디즈니

락에서, 르와르 강변에 위치한 "진짜" 성城을 건축 유산으로 소유하고 있는 프랑스에서, "모조" 유로디즈니 성의 존재에 반발해 제기된 반론은 다소 공허해 보인다. 왜냐하면 문제는 성이 "진짜"냐 아니냐에 관한 것이라기보다 그 성의 진정성을 파악할 수 있는 역량을 더 주장할 수 있느냐 없느냐에 관한 것이기 때문이다. 자본주의가 우리 유산을 관광이라는 상품화된 "경험"의 틀 속으로 흡수해버리는 문화에서는, 진정성과 비진정성 간의 경계가 다소 모호해지기 때문이다. 하이퍼리얼리티의 시대의, 에펠탑은 "에펠탑의 경험"으로, 노트르담 성당은 "노트르담 성당의 경험"으로 전용된다. 진정성 없는 것과의 진정한 관계가 진정성 있는 것과의 진정성 없는 관계로 와해될 때 프랑스의 역사적 "실제"에 어느 때고 다가설 수 있다는 것을 어떻게 장담할 수 있단 말인가? 그렇다면 오늘날 우리가 관광이 지닌 본질적 속성을 엿볼 수 있는 것은 유로디즈니의 모습에서다. 유로디즈니, 에펠 탑, 노트르담 성당과 르와르 강의 성입니다. 모여보세요. 모여요. 경험세계의 실제보다 더 실제 같은 코치투어 the hyperreal coach tour예요.

세계에 대한 심미화

시뮬라시옹의 문화로 진입하는 위험한 상황에서, 이미지의 기능은 현실을 반영하는 것에서부터 현실을 위장하고 왜곡하는 것으로 바뀌었다. 일단 현실 그 자체가 제거되고 나면, 우리에게 남겨진 것이라고는 일종의 이미지, 가상현실, 순수한 시뮬라크르의 세계이다. 본래의 이미지가 갖고 있는 복잡한 문화적 상황으로부터 이들 이미지를 분리시키는 것은 이들 이미지를 탈맥락화 한다. 이들 이미지는 물신화되고 깊이 있는 읽기를 희생시키면서 이미지의 겉모습으로 판단된다. 이러한 물화reification [3]의 문화는 보기viewing라는 전체 행위를 사물화 한다. 깊이, 관점이라든지 도드라짐을 알아보지 못하게 하고, 그 대신 "이미지들이 갖고 있는 오브제성objectiveness 외의 것은 보지도 않은 채 한 번의 눈길로 대상을 훑어 버리게 만든다."[9] 대상을 그저 하나의 이미지로 읽는 과정에서, 그 대상은 대상이 지닌 본래 의미의 상당부분이 비워진다.[10]

거기에는 이미지가 전부다. 모든 것이 심미적 영역으로 전환되고 그 겉모습으로 가치가 매겨진다. 세계는 심미화되어 왔다. 모든 것들이 예술로서 적합한 것이 되었다. 보드리야르가 언급한 바와 같이, "예술은 오늘날 현실에 완전히 침투해 있다. … 세계에 대한 심미화는 완성되었다."[11] 보드리야르는 이 문제를 일련의 좀 더 일반적인 징후들, 즉 현대문화가 지닌 초超-정치적, 초-성적, 그리고 초-심미적 조건에서 찾아낸다. 이것은 과잉 상태인데, 이 때에는 모든 것이 정치적, 성적, 심미적인 것이 되고, 그 결과 이들 영역에서의 특이성은 상실된다. 왜냐하면 모든 것이 정치적 의미를 띨 때, 정치 그 자체는 보이지 않게 되고, 모든 것이 성적인 의미를 띨 때, 성 그 자체는 보이지 않게 되는 것과 마찬가지로, 모든 것이 심미적인 것이 될 때, 예술이라는 바로 그 개념 역시 사라지기 때문이다. 이러한 결과로, 보드리야르에게 미학이라는 용어는 모든 의미를 상실한다. 즉 "모든 것이 심미적이 될 때에는, 아름답거나 추한 것은 없으며, 예술 그 자체는 사라진다."[12]

보드리야르는 이러한 과잉 상태를 일종의 "외설성obscenity" 중의 하나로 묘사하는데, 그는 외설성의 특징을 "사회적인 것, 정치적인 것, 정보에 관한 것, 경제적인 것, 심미적인 것, 물론 말할 것도 없이 성적인 것이 끝없이 그리고 통제할 수 없을 정도로 확산되는 것" 으로 본다.[13] 이와 연관된 것이 " 비만obesity "이라는 개념이다. 오늘날의 " 외설 " 속에서, 심미적인 것의 포화상태가 " 비만 " 상태로 이어졌다. 그리고 그것은 이와 같이 모든 것을 예술의 영역으로 흡수해 버리는 것, 즉 이 같은 범주의 확대와 팽창은 범주가 포함하는 모든 것들을 사실상 지워버리게 한다.

시뮬라크르와 시뮬라시옹의 문화, 이미지가 새로운 현실이 되는 하이퍼리얼리티 문화에서, 이미지를 다스리는 영역이 타 영역을 지배하게 되었다. "모든 것은 스스로를 심미화한다. 예를 들어 정치는 스스로를 스펙터클로 심미화하며, 섹스는 광고와 포르노그라피로 심미화하고, 모든 영역의 활동들이 소위 문화라 칭하는 것으로 심미화하는데, 그것은 예술과는 전적으로 다른 무엇이다. 이런 문화는 모든 것에 침투하는 광고와 미디어의 기호화 과정인 것이다."[14] 여기서 말하는 모형은 역설적 모형이다. 바로 예술작품이라는 개념의 해방은 예술작품을 위한 기초적인 규칙을 단념하는 것으로 이어졌다. 그리고 만약 예술작품을 가늠할 어떠한 기준도 없다면, 예술작품을 감상할 기준 역시 있을 수 없다. 우리는 심미적 판단 대신 지나치게 외설적인 매력을 찾는다. 예술시장의 측면에서도 마찬가지 역설이 있다. 예술작품 생산을 단계적으로 확대하는 것은 예술 작품들을 통제하는 원칙의 마비로 이어진다. 초 가속은 감속으로 이어진다. 외적 폭발은 내적 파열로 이어진다. 광란은 진정상태로 이어진다. 그래서 보드리야르의 말을 따르자면, 예술시장은 포화 상태에 이르고 질식하고 만다. 예술영역 내에서 심미적 가치라는 논리로 파열 되는 것과 예술시장에서 상업적 가치라는 논리로 파열되는 것 간에는 필연적 관계가 있다. 똑같은 기계적 경쟁, 똑같은 광기, 똑같이 지나친 시뮬라시옹이 그 둘의 특징이다."[15]

이러한 "경쟁", 관성에 의한 이 같은 가속은 오직 그 반대쪽인 문화적 붕괴, 심지어 반-예술적 사물들anti-art-objects마저 예술로서 적합한 것이 되는 초-포화상태로 이어질 뿐이다. 그리고 물리적 세계의 어떠한 영역도 이러한 과정을 피해 갈 수 없을 것이다. "세상의 모든 산업 기계는 스스로를 심미화 하였으며, 미학이 세상의 모든 하찮은 것들을 탈바꿈시켰다. 모든 것, 가장 하찮고, 가장 주변적이며, 가장 외설적인 것조차 스스로를 문화화하며, 박물관의 작품이 되고, 스스로를 심미화한다."[16] 그리고 이 같은 재앙은 예술세계 그 자체를 예술이 아닌 것으로 되돌려 놓는데, 보드리야르가 보기에, 미니멀리즘을 통해 예술 그 자체는 탈-물질화되고, 이런 이유로 예술 자체는 지워지게 된다. "왜냐하면 세계는 통째로 조작적 미학의 유희에 빠질 수밖에 없는 운명으로 인해, 예술은 사라지는 것 외엔 별 도리가 없기 때문이다."[17]

요약하자면, 과다한 이미지-커뮤니케이션과 정보의 과잉-는 그 반대, 즉 커뮤니케이션과 정보의 감소를 의미한다. 이 모든 것들은 하이퍼리얼리티라는 조건 아래 악화되며, 그로 인해 내용은 일반적인 심미화의 과정에 소비되고 흡수된다. 그러한 이유로 세계는 점점 더 내용이 없는 심미적 이미지들의 확산이라는 측면에서 인식될 위험에 처하게 된다.

심미화 정치

심미화 과정이 대상으로부터 어떻게 내용을 앗아 가는가 하는 질문은 언뜻 보기에 다소 논란의 여지가 있는 듯하다. 예컨대 대개 예술작품은 필연적으로 의미를 구현한다고 가정하는데, 특히 맑스주의 예술의 경우, 발터 벤야민Walter Benjamin이 말한 바에 따르면, 예술가들은 항상 자신의 작품을 정치화하기를 갈망한다.18 하지만 정작 문제는 어떤 예술작품의 의도된 의미에 익숙하지 않은 사람이 그 의미를 알아차릴 수 있을 만큼, 어떻게 예술이 그 내용을 직설적으로 구현하는가에 있지 않은가. 심지어 그것이 추상예술이라 할지라도 말이다. 왜냐하면 만약 특정 메시지를 전달하기 위해 단어들과 더 명확한 시각적 방편들에 많이 의존하는 슬로건들과 포스터들을 제외하면, 예술의 주 역할은 의사소통을 위해 문자 형태로 쓰이는 것은 아니기 때문이다. 실제로 가장 기본적인 사실은 대체적으로 예술작품에 대한 단 하나의 특권적 읽기란 있을 수 없다는 것이다. 이 같은 측면에서, 의미는 종종 상징적 의미에 관한 문제가 된다. 그것은 특정 개인에게 전달되는 것이 무엇인가 하는 문제로 국한된다. 그리고 프레드릭 제임슨Fredric Jameson이 말한 바와 같이, 상징적 의미는 "그 기호가 제멋대로인 것만큼이나 변덕스러운 것이다."[19]

여기서 정치적 내용이란 맥락에서 제임슨의 알레고리allegory개념을 계속 쓰는 것이 유용할 수도 있을 것이다. 제임슨이 보기에, 예술형식을 근본적으로 "정치화된 것"으로 보는 것은 오도誤導된 추정이다. 즉 "형식들 자체의 고유한 특질로 인해 그 것 자체로 정치적이고 심지어 혁명적이기까지 한 잠재력이 부여된 형식이 사전에 존재한다는 가정은 1960년대 예술 행동주의artistic activism [4]의 명백한 오류 중 하나였다."[20] 제임슨이 보기에, 정치적 내용은 예술형식에 있지 않다. 그것은 엄밀히 비유적 과정에 의해 예술형식에 정치적 내용이 투사投射된 것에 지나지 않는다. 정치적 의미를 인식하기 위해서는, 그 속에서 정치적 의미가 코드화되는 알레고리적 시스템을 이해해야만 한다.[21] 물론 집단적 상상 속에는, 해석인자 부분에서 이러한 투사과정이 어느 정도 간과된다. 의미가 예술작품에 속한다고 생각하는 바로 그 "복화술"을 결코 온전히 인정할 수 없는데, 의미가 작품 그 자체의 특질로 드러나는 것은 해석의 순간에 있기 때문이다.

제임슨은 형식에 대한 정치적 내용의 그와 같은 투사가 덧없음을 강조한다. 즉 어떤 정치적 내용은 이후에 지워지거나 다시 쓰일 수 있다는 것이다.[22] 정치적 내용은 알레고리적 내용의 문제이며, 그것은 예술작품이 뜻해야 하는 바가 무엇인지에 관한 약간의 서사적 설명을 기억으로 유지하는 것에 달려있다. 하지만 이것이 어떤 주어진 장소, 주어진 시간, 특정 그룹의 사람들에게, 예술작품이 불가피하게 특정한 정치적 가치를 구체적으로 구현하는 것처럼 비칠 것이라는 사실을 손상시키는 것은 아니다. 사실상, 제임슨에게 있어서 형식 그 자체는 "비 활성적이지만", 예술 작품은 결코 맥락을 벗어나지 않는다는 것을 인정하여야만 한다. 따라서 예술은 항상 "의미"를 지닌다. 그러나 이러한 의미는 단지 예술작품에 투사된 것이며 맥락, 쓰임, 연관관계와 같은 요소들에 의해 결정된다.[23]

9
이미지 포화상태

중요한 것은 예술 작품의 "사회적 토양"이다. 예술작품이 맥락적 상황으로부터 떨어져 나올 때, 순수한 예술 형식은 그 실체를 드러낼 것이다. 제임슨이 주목한 것처럼, 일단 예술에 이러한 힘들을 부여하는 사회적·문화적 운동들을 제거하면, 형식은 모든 "정치적·알레고리적인 효력이 결여 될 것이다. 이는 예술이 실제로 "정치적·알레고리적 효력"을 지니고 있을지 모른다는 것을 부정하려는 것이 아니라 오히려 예술은 주어진 "사회적 토양" 안에서 그 효력을 위한 매개체 역할을 한다는 것을 인정하려는 것이다. 일단 예술작품이 원래 맥락에서 추출되면, 즉 예술작품이 일단 다른 방식으로 다뤄지면, 예술은 그 의미를 바꾼다. 왜냐하면 어떤 작품을 탈-맥락화하는 것은 사실상 예술작품이 지닌 의미를 떼어내는 것이고, 더 나아가 재-맥락화하는 것은 예술작품에 또 다른 의미를 부여 하는 것이기 때문이다. 게다가 예술작품이 맥락으로부터 떨어져 나왔을 때, 예술작품 자체가 의도했던 의미를 잃어버릴 수도 있는 것처럼, 어떤 대상이 예술작품으로 다루어질 때, 그 대상도 그와 유사하게 다른 의미를 취할 것이다.

따라서 심미화는 일종의 탈-정치화의 형태로 이끈다. 이것은 정치화된 예술의 가능성을 부인하려는 것도, 의식을 고양하기에 적합한 메커니즘이라는 예술의 중요한 이차적인 역할을 간과하려는 것도 아니다. 오히려 그것은 심미화의 바로 그러한 원리가 정치화의 과정에 지속적인 제약으로 작용한다는 점을 인정하려는 것이다. 이런 정도로까지, 예술을 정치화하려는 시도는 본질적으로 타협적이어야 한다.

건축의 심미화

심미화가 오늘날 사회 전반-정도가 심하든 덜하든-에 스며있는 배경적 문화조건으로 남아있는 한, 이미지를 매개로 작동하는 분야에서 심미화의 영향은 더욱 두드러질 것이다. 건축은 이 같은 상황에 완전히 갇혀 있다. 왜냐하면 건축가는 직업의 필연적 결과로서 심미화의 과정에 참여하기 때문이다. 관습은 건축가는 시각적 표현－평면, 단면, 입면, 투시도, 기타 등등－의 관점에서 세계를 보아야 한다고 지시한다. 건축가의 세계는 이미지의 세계다.

이 결과는 엄청나다. 이처럼 이미지에 특권을 부여하는 것은 사회 공간을 물신화된 추상으로 바꾸며 건조 환경에 관한 이해를 빈곤하게 만들었다. 생생한 경험 공간은 코드화 된 의미체계로 축소되었고, 시각적 인식을 점차 강조하면서 여타 감각적 지각형식에도 그에 상응하는 축소가 있었다. 르페브르가 관찰한 바와 같이 "이미지는 생생한 경험이 지닌 풍부함을 죽일 뿐만 아니라 그것을 설명할 수도 없다."

이러한 상황은 설계사무소에서 채택하고 있는 표현기법과 시스템으로 인해 더욱 악화되었다. 평행 이동자, 삼각자, 트레이싱 페이퍼, 종국에는 컴퓨터로 이루어지는 전문적 문화, 이데올로기적 제약과 자본주의의 가치판단에 영향을 받는 위계에 갇힌 문화에서, 공간적 실천spatial practices과 공간의 재현representations of space은 완전히 분리되었다. 르페브르가 관찰한 바에 의하면, 건축적 재현 바로 그 과정이 디자인 자체의 심미화, 건축적 실천을 좌우하는 수많은 근본제약들을 모호하게 만들어버리는 과정에 일조해 왔다.

건축가의 안목에 대해 말하자면, 건물을 짓기 위해 그에게 주어진 터이든 혹은 그가 맨 처음 스케치하는 빈 종이이든 그 어느 것 보다 순수하지 않다는 것이다. 건축가의 "주관적" 공간은 너무나 객관적인 의미들로 전달되고 있다. 그 공간은 청사진으로, 단순 이미지로, 상상력의 적敵인 "이미지의 세계"로 축소된 공간, 즉 시각적 공간이다.[24]

그때, 설계사무소에서의 설계기법과 실무의 결과로서, 건축가들은 생생한 경험세계로부터 점점 더 멀어지게 된다. 건축 문화에서 바로 그 이미지의 물신화는 그 이미지를 탈-맥락화하고 온전히 심미화의 논리에 건축 담론을 가두어 버리는데, 그 점에서 모든 것은 본래 의미의 상당 부분이 박탈당한다. 따라서 건축문화는 똑같은 탈정치화의 충동과 마주치게 되는데, 그 충동은 심미적인 것을 매개로 작동하는 모든 담론에 영향을 미친다.

심미화의 위험이 가장 극심한 때는 정확히 건축가들이 자신들의 작업이 비미학적unaesthetic이라고 주장할 때, 다시 말해 "예술"이 아무런 역할도 하지 않는 실용적 관심사에 의해 결정된다고 주장할 때이다. 기능주의 담론이 그 명백한 사례이다. 왜냐하면 평지붕처럼 아주 분명하게 비非기능적인 건축 요소가 "기능주의"가 정의하는 특징들의 목록에 포함 될 때, 기능주의가 말하는 바로 그 기능성은 어느 정도 신중하게 다루어져야 하기 때문이다. 독일 미학 이론가 테오도어 아도르노Theodor Adorno는 아돌프 로스Adolf Loos의 저술에 대한 신랄한 비평에서, 기능주의는 심미적 범주, 즉 일종의 스타일에 지나지 않는다는 것을 간파했다. 로스는 목적이 있는—혹은 "기능적인"—건축, 즉 목적과 무관한 장식의 공허한 감언이설에 반대하는 건축에 찬성하면서 목적과 무관한 것과 목적을 지닌 것 간의 칸트적 구분을 지지했던 반면, 아도르노는 이들 두 용어가 변증법적으로 결부되어 있다는 점을 지적한다. 추정상 목적과 무관한 예술들은 종종 사회적 기능을 갖는 반면, "화학적으로 순수한" 합목적성이란 있을 수 없다. 심지어 "기능적인" 요소들조차 장식적인 요소들을 포함하여야만 하며 스타일로부터 자유로울 수 없다. 아도르노는 "이런 이유로 더 강렬한 의구심이 생긴다." "스타일을 절대적으로 거부하는 것이 스타일이 된다."[25]고 결론짓는다.

게다가 이미지에 특권을 부여하는 경향은 잠재적으로 건물 이용자들과 건축가를 떼어놓는데, 이러한 경향은 건축가들로 하여금 대단히 심미화 된 외관을 취하도록 하여, 이용자들의 관심사로부터 멀어지게 한다. 이것은 그 자체로 "사회적으로 잊혀진" 수많은 근대 건축가들의 실패를 설명할 수 있을지도 모르는데, 건축가들이 "사회적으로 인식하는socially aware" 디자인들은 건축가들이 계획과정에서 염두에 두었던 대중들에게 결코 받아들여지지 않았다. 유토피아적 건축 비전은 취향뿐만 아니라 더 중요하게는 대중들의 실제적 요구와는 동떨어진 건축 엘리트들의 추상적 미학실험으로 비치게 되었다.

아주 오랜 시간 심미화의 렌즈를 통해 응시하는 전문가의 시각과 대중들의 시각 간의 대비가 극명하게 드러나는 것은 무엇보다 특히 브루탈리즘Brutalism [5]과 같은 운동들을 둘러싼 담론에서다. 왜냐하면 그러한 운동이 건축 평론가들의 정밀한 언어에 의해 심미적 경관으로 전환될 때, 브루탈리즘의 "실태reality", 그 냉엄하면서 타협하지 않는 속성은 간과되기 때문이다. 대중들에게는 지독히 둔감한 생활환경으로 비치는 것이 지극히 감각적인 건축 작품으로 재현re-presented될 수도 있다.

1.2 앨리슨 스미스슨과 피터 스미스슨, 훈스탠튼 중등학교, 노퍽, 잉글랜드. 사진: 닐 리치Neil Leach

13
이미지 포화상태

앨리슨 스미스슨과 피터 스미스슨Alison and Peter Smithson, "수사修辭없는" 건축예찬을 주장하는 바로 그 브루탈리즘 평론가들이 스스로 자신들의 프로젝트를 묘사하기 위한 수식修飾에서 두드러지게 수사적인 언어에 의지하고 있다는 것은 아이러니컬하다. 이런 점에서, 그들은 자신들만의 심미적 세계관에 사로잡혀 있다. 자신들의 작업이 다른 것들과 달리 타협하지 않는 엄격한 건축이라 말할 수 있는 것은 건축논평에서 대단히 심미화된 언어를 취할 때만이 가능하다. 그들이 자신들의 훈스탠튼 학교Hunstanton School프로젝트의 브루탈리즘과 농부의 토속건축이 지닌 소박한 감수성을 드물게 비교할 수 있는 것은 바로 이 점이다.

우리에게, 훈스탠튼 학교는—미스Mies만큼이나 일본 건축에 빚지고 있을 테지만—우리가 구상한 뉴브루탈리즘New Brutalism을 최초로 실현한 것이다. 이처럼—공예 감가에서가 이니라 지적 평가에서—재료를 특별하게 다루는 것은 실제로 초기 독일 건축가들의 저명한 작품들이 즉각 상기시키듯, 근대운동에서 내내 존재해왔다. 여러 운동들 중 뉴 브루탈리즘이 새로운 것은 과거 건축양식이 아니라 농부의 주거 형식에서 가장 밀접한 관련성을 찾아낸 것인데, 브루탈리즘은 스타일이 있고 멋지지만 결코 유행에 따른 것이 아닌, 다시 말해 *미사여구가 없는 한편의 시a poetry without rhetoric*다. 우리는 건축을 생활양식에 대한 직접적인 진술로 여긴다. 그리고 과거에는 평범하고 단조로운 삶이 소작농의 농가와 지중해 시골 생활의 거추장스러운 것들—르 꼬르뷔지에Le Corbusier는 이러한 것들을 부끄럽지 않은 것으로 만들었다.—속에 가장 간결하게, 효율적으로, 그리고 간명하게 표현되었다.[26]

물론 브루탈리즘에 관한 논평은 그와 같은 비유들로 가득 하다. 스미스슨 부부는 런던의 투박한 로빈 훗 가든즈Robin Hood Gardens 프로젝트에서 반복한 것을 바스Bath의 로열 크레센트Royal Crescent와 로마의 성 베드로 성당 앞의 베르니니Bernini가 설계한 열 주랑과 계속해서 비교해 나간다.[27] 한편 데니스 라스던Denys Lasdun은 그리스 에피다우로스Epodaurus 고대 극장의 관점에서 자신이 설계한 국립극장National Theatre을 말한다.[28] 이러한 비교는 지극히 역설적이라는 인상을 준다. 브루탈리즘의 둔감함insensitivity을 이처럼 매우 아름다운 과거의 예술 작품들이 지녔던 명백한 감수성과 비교하는 것이 어떻게 가능한가? 그러나 진정한 역설은 누가 봐도 알 수 있는 브루탈리즘의 둔감함이 건축가들의 입장에선 지나친 감수성의 직접적인 결과라는 점이다,

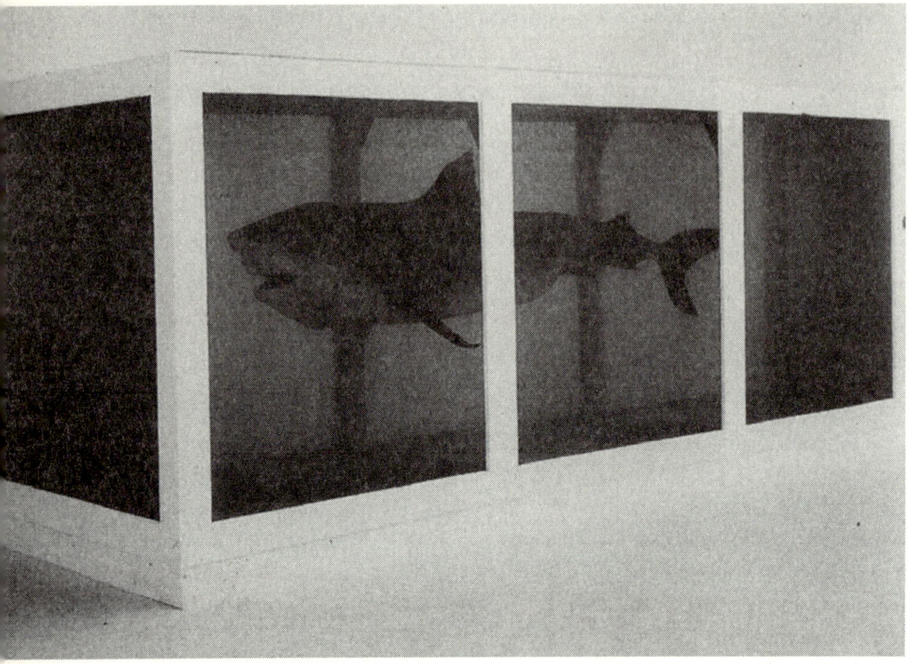

1.3 데미안 허스트, 살아있는 사람의 마음속에 있는 육체적 죽음의 불가능성, 1991, 뱀상어, 5% 포름알데히드 처리, 유리, 철, 사진: 앤스니 올리버Anthony Oliver

15

이미지 포화상태

예를 들어, 스미스슨 부부가 재료에 대해 둔감하다고 비난하기는 어려울 수 있어도, 문제가 되었던 것은 정확히 그들이 재료와 물성을 심미적으로 이해하는 방식을 부각시킨다는 점이다. 조악한 재료에 대한 고양된 감수성은 그 재료들을 감각적으로 보이게 하지만, 일반 대중에게 그 재료들은 그저 평범하고 조잡한 것으로 여겨질 뿐이다. 따라서 심미화는 여타 배경에 연관된 문제들보다 심미적 감수성에 특권을 부여함으로써 현실을 왜곡하는 방편으로 비칠 수 있다. 이것은 물론 그와 같은 현실이 지닌 더 엄혹한 면들로부터 심미적 보호막을 제공함으로써 성공적인 방어 기제라는 것을 증명하는 것일 수도 있다. 그와 같은 관점을 취함으로써 유쾌하지 않은 사물을 받아들일 만한 것으로 표현될 수도 있을 것이다. 그로써 폐기된 도살장이 잠재적인 화랑으로 손쉽게 인식될 수 있는 것인지도 모른다. 하나의 대상에 대한 심미화는 그것을 마취시키는 것이고 그 대상과 연계된 유쾌하지 않은 것들을 제거하는 것이다.

이것이 초래한 필연적 결과 역시 어쩌면 사실일 것이다. 브루탈리즘의 바로 그 야수성brutality이 미적 반응을 부추기는 것일 수 있다. 실제로 폐기된 도살장 그 자체를 이상적인 전시 공간으로 소개할 수 있는 것처럼 말이다. 따라서 우리는 데미안 허스트Damien Hirst와 같은 예술가들이 해부된 채 포름알데히드로 보존된 상어와 여타의 동물들을 전시했던 예술 사고방식artistic culture에 비추어 볼 수 있을 것이다. 이런 작품들이 지니는 힘은 관람자들에게 충격을 주어 일정 형태의 반응을 유도하는 데에만 있는 것이 아니다. 오히려 대개 작품들이 불러일으키는 바로 그 혐오감이, 논쟁거리가 될 수 있겠지만, 관람자의 입장에선 일종의 방어기제의 형식으로 심미화 된 반응을 촉발시키는데, 관람자는 환경장치setting의 속성으로 인해 이미 이 오브제들을 예술작품으로 읽는 성향을 갖게 된다. 그 결과 진지한 예술이라는 그것들의 지위를 손상시키기는커녕 이들 작품이 지닌 으스스함이야말로 정확히 관람자들로 하여금 그 작품들을 심미적으로 관조할만한 가치를 지닌 오브제로 취급하도록 조장하는 것이다.

심미화의 시대에, 그것이 무엇이든 원래는 매력적이지 않은 것이 미적으로 어필하는 것이라 쉬이 간주될 정도로, 외견상 그러한 역설적 반응을 부추기는 능력을 지니고 있다는 것이 삶의 암울한 측면들이다. 산업화가 세련된 것이 되고, 이전의 공장들이 아파트로, 그리고 전력발전소가 국립 박물관으로 바뀌고 작업복과 신발이 패션상품으로 취급되는 시대에는, 칙칙하고 투박한 것들이 심미화에 적합한 것 같다.

2
파시스트와 같은 건축가
THE ARCHITECT AS FASCIST

심미화된 세계에서 의미 축소에 관한 보드리야르의 논평을 유럽적 사고의 오랜 전통에 놓고 볼 수 있다. 그 기원은 칸트까지는 아니더라도 작품의 자율성을 주장하였고, 그럼으로써 예술작품을 사회적 · 정치적 맥락에서 추출해낸 칸트 이후 이상주의 철학자들로 거슬러 올라갈 수 있다.[1] 이는 "예술을 위한 예술" 운동을 낳았다. 하지만 현대 세계의 심미화를 철저하고도 명료하게 다룬 첫 번째 인물은 아마도 니체일 것인데, 거기에서 "진리"라는 것은 지적능력의 작용일 뿐이었고 "현실"은 그저 겉모습에 지나지 않았다. 그리고 니체에게서도 역시 우리는 심미화가 가장 무서운 잠재력을 실현하는 어떤 조건에 관한 철학적 토대를 발견할 수 있다. 왜냐하면 심미화의 원리가 가장 냉소적으로 이용될 수도 있는 것은 니체의 "힘에의 의지will to power"라는 개념과 함께하기 때문이다. 이는 니체의 추정이 국가 사회주의자National sociologists들에 의해, 지배민족이란 개념에 적합한 철학적 근거로 도용되었을 때 그 사례가 된다는 것을 증명하였다. 그리고 "진리"가 "환영"에 불과한 세계에서 "진리" 그 자체는 역사라는 신화를 입증하기 위한 뼈대가 되거나 왜곡될 수도 있다. 일단 심미화의 과정이 "힘에의 의지"로 연결되어 이용되면, 전쟁과 여타 파괴라는 형태로 논리적인 결말을 맺게 되는데, 안스가 힐라흐Ansgar Hillach가 말한 바와 같이, 그곳에서는 정치의 심미화가 온전히 실현된다. "군대와 문화의 심미주의적 개념이 니체 안에서 공통적으로 갖고 있는 것이 이 점이다. 즉 역사적으로 가장 높고 엄격한 수준의 형식은…, 니힐리즘nihilism을 온전히 긍정하면서 '야만적' 자연barbaric nature을 통제하기 위한 일종의 힘으로 요청된다. 야만적 자연을 최상의 생명력으로 끌어내어 초인superman을 불러오기 위해서 말이다. 잠정적으로는 일종의 신화처럼 보이는 초인의 이미지는 행동방침a course of action을 결정짓는데, 그것을 최고조로 표출하는 것이 전쟁이다."[2]

따라서 심미화는 단순히 존재론적 의미의 축소로만 이어지는 것이 아닐 수도 있다. 정치적 각축장에서 심미화가 작동할 때, 심미화는 더 해로운 결과를 초래할지도 모른다. 정치 심미화를 이론화한 첫 번째 인물들 중 한명은 발터 벤야민이었는데, 그는 1차 세계대전 이후 독일에서 직접 관찰할 수 있었던 파시즘의 측면에서 정치의 심미화를 분석하였다. 반유대주의 법률제정과 더불어 이뤄진 국가 사회주의의 부상浮上은 벤야민이 저널리스트이자 방송인으로서 생계를 꾸릴 수 없도록 만들었으며, 그가 망명할 수밖에 없도록 하였는데, 나치가 점령한 프랑스를 벗어나고자 한 그의 시도가 좌절되자 그는 1940년 스페인 국경에서 자살하면서 결국 자신의 목숨을 대가로 치렀다. 하지만 파시즘에 관한 그의 경험 역시 문헌 연구에서 비롯되었다. 그가 이 주제에 처음 문학적으로 관여한 것은 1차 대전의 참전 군인이자 전쟁 옹호론자로 유명한 에른스트 융거Ernst Jünger가 편집한 에세이집을 논평한 글「독일 파시즘의 이론들Theories of German Fascism」에서였다. 여기서 벤야민은 부상하는 하나의 전쟁이론을 감지하였는데, 그것은 "예술을 위한 예술*l'art pour l'art*원리를 아무런 제약 없이 전쟁 그 자체로 번역한 것에 지나지"[3] 않았다.

벤야민은 자신의 에세이「기술복제 시대의 예술작품The Work of Art in the Age of Mechanical Reproduction」에서 이 주제를 더욱 발전시킨다.[4] 그는 이 글에서 심미화와 정치의 관계에 관한 가장 예리한 비평을 내놓고 있다. 벤야민은 전통적으로 공통점이라고는 거의 없는 이들 두 영역이 그처럼 가장 "본질적으로 모순적인 국면inherently contradictory juncture"[5]에서 하나로 합쳐질 때 발생할 수도 있는 문제를 보여주기 위해 파시즘을 극단적인 사례로 활용한다. 이런 의미에서 파시즘을 단지 20세기의 전반기에 전면적으로 실현된 일종의 기괴한 사회현상으로 여겨서는 안 된다. 오히려 정치가 심미화될 때 언제든지 쉽게 재등장할 수 있는 일종의 극단적인 순간으로 인식하여야 한다. 바로 이 때문에 파시즘은 오늘날 우리의 심미화 된 문화 속에 잠재하는 위험요소들을 어느 정도 간파할 수 있도록 해준다.

19
파시스트와 같은 건축가

벤야민의 글이 지닌 맥락 안에서는 이미지에 특권을 부여하는 것 그 자체는 별 문제가 아닌 것처럼 비칠 수 있다. 벤야민이 볼 때, 심미화의 과정에는 부패가 잠재해 있다. 그 말은 단순히 심미화가 좋지 않은 정치 어젠다를 꾸미고 도취시키는 스펙터클로 전환시킬 수도 있다는 것이 아니다. 그보다 심미화와 더불어 윤리적 관심사가 미적 관심사로 대체되는 사회적 · 정치적 재배치가 발생한다는 것이다. 그리하여 정치 어젠다는 그것이 지닌 고유한 윤리적 상황에 따라 판단되는 것이 아니라 외적인 모습이 어필하는 것에 따라 판단된다는 것이다. 정치 심미화 과정에 작동하는 메커니즘들은 벤야민의 분석이 제시하고 있는 것보다 더 복잡하다고 주장할 수 있을 것이다. 정치와 미학은 아마도 벤야민이 함께 엮었던 완전히 "모순적인" 독립체들은 아닐 것이다, 그 속에는 어떤 특정한 상황의 조합에서 그 둘은 협력하여 작동할 수도 있을 것이다. 이때 정치의 심미화는 정치와 미학이 결탁해 이데올로기 문제를 복합적으로 재구조화하는 것에 관여할 수도 있다.[6] 그런데도 벤야민이 정치의 심미화가 초래할 수도 있는 문제들을 인식한 것은 의심할 여지없이 옳다. 한편으로는 그 자신도 동일하게 세계를 심미화한 것에 대한 비난을 받을 수 있을지 모르지만 그럼에도 그의 논평은 미학세계에 대한 진실을 포착하고 있는 것 같다.

정치 심미화가 초래하는 총체적인 영향은 너무나 명확하다. 나치주의자들은 이러한 과정을 어떻게 이용할 것인지를 충분히 알고 있었고, 심미화의 잠재력을 가장 성공적으로 현실화한 사람이 건축가이자 군비 장관이기도 했던 건축가 알베르트 슈페어Albert Speer였다는 점은 우연한 일이 아닐 것이다. 1934년 자신이 주도했던 뉘른베르크 체펠린 필드Zeppelin Filed in Nuremburg의 웅장한 집회에서, 슈페어는 정치 집회를 예술작품으로 탈바꿈시켰다. 그는 부분적으로 그 장엄한 광경에 대중들이 직접 관여하도록 함으로써, 즉 대중들이 목격하는 것만이 아니라 고도로 조율되고 기계적으로 정교한 예술작품에 참여하도록 함으로써, 그리고 일부분은 장엄한 광경spectacle에 배경막을 제공하는 절묘한 무대효과를 통해 예술작품이 되었다. 집회 현장의 가장자리를 빙 둘러 40피트 간격으로 130개의 대공 탐조등을 일렬로 배치하여, 공중에 쏘아올림으로써, 슈페어는 그 유명한 "빛의 성당cathedral of light"을 연출했다. 탐조등의 빛줄기는 어둠속에서 빛나는 거대한 기둥처럼 작동했다. 슈페어 스스로가 말한 "그것은 장엄한 광경을 극적으로 연출하는 장점이 있었다." "그다지 매력적이지 않은 배불뚝이 정당 관료들이 행진하는 모습 위에 효과적으로 베일을 드리우면서 말이

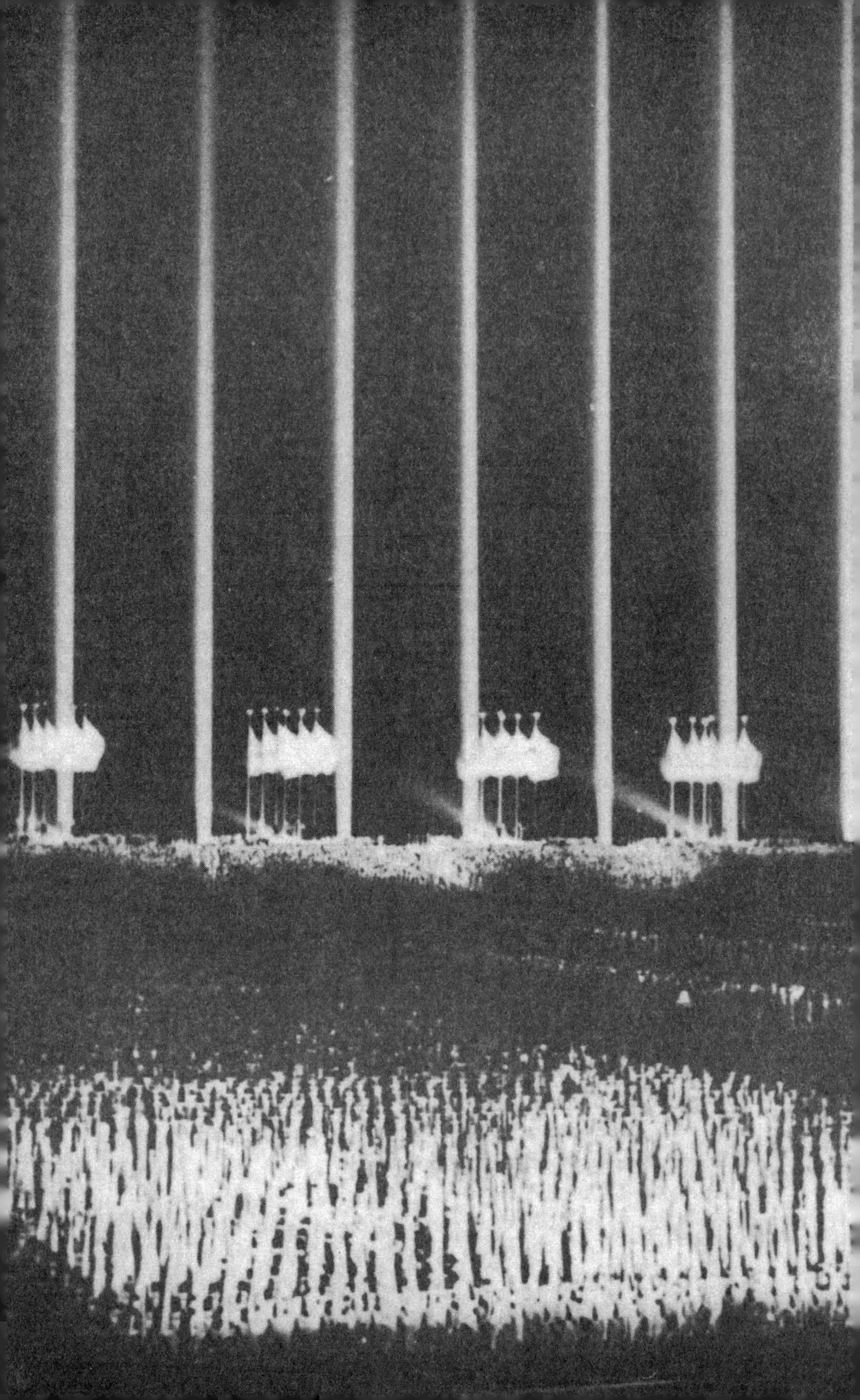

다."[7] 그리고 예술이 전쟁의 힘과 강렬함에 스스로 보조를 맞추기 시작한 것은 숭고함에서다. 숭고함이 발전하여, 예술은 파시스트적 사고를 뒷받침하였던 폭력을 미적으로 예찬하는 분위기를 조성하는 것이다. 파시즘의 자기 표상self-representation에 있어서 스스로를 정당화하고 선전하기 위한 수단으로 항상 미적인 영역 내에서만 작용한 것은 아니었지만, —아우슈비츠의 공포에는 미적인 것이 있을 리 만무하다—파시즘은 정치 심미화를 수단으로 삼았다.

벤야민이 자신의 주장을 분명하게 보여주기 위해 활용한 사례는 이탈리아 미래파 예술가들의 정치 심미화이다. 슈페어가 분명히 정치 포럼에서 정치 심미화를 활용하고자 했던 것과 마찬가지로, 미래파 예술가들 역시 미학의 영역 안에서 정치의 심미화를 활용하였다. 1924년에 벤야민은 미래파 시인이자 선전가인 필리포 토마소 마리네티Filippo Tommaso Marinetti를 실제로 만났다. 당시 벤야민은 그를 "대단한 인물"로 표현하며, 그가 어떤 방식으로 대단한 효과를 주는 "소음 시noise poem"—말 우는 소리, 포성, 덜컹거리는 마차 소리, 자동소총의 발포음—를 읊어보였는지를 이야기한다.[8] 그러나 벤야민은 자신의 글에서, 마리네티의 작품이 갖고 있는 해로운 측면을 인식하고, 마리네티의 선언문을 자신의 에세이 「예술 작품Work of Art」에서 파시즘 연구의 분석 자료로 활용한다. 마리네티의 심미화된 전쟁 요청은 정치 심미화의 효과를 노골적으로 표현한다. 마리네티는 바로 그 전쟁의 부패와 파괴를 일종의 심미적 경험으로 예찬하였다.

> 전쟁은 아름답다. 왜냐하면 전쟁은 방독면, 무시무시한 확성기, 화염 방사기, 소형 탱크로서 예속된 기계에 대한 인간의 지배권을 확고히 하기 때문이다. 전쟁은 아름답다. 왜냐하면 꿈꾸어 왔던 인간 육체의 금속화를 개시하기 때문이다. 전쟁은 아름답다. 왜냐하면 꽃으로 뒤덮인 초원을 자동 소총의 불타는 난초들로 풍요롭게 하기 때문이다. 전쟁은 아름답다. 왜냐하면 전쟁은 총소리, 포격들, 정전, 향내, 그리고 부패의 악취를 하나의 교향곡으로 엮어내기 때문이다. 전쟁은 아름답다. 왜냐하면 전쟁은 새로운 건축을 창조하기 때문이다. 거대한 탱크, 기하학적 형상의 편대 비행, 불타는 마을 위로 피어오르는 나선형 연기, 그리고 다른 수많은 것들처럼. … 미래파 시인과 예술가들이여! 기억하라 이 전쟁 미학의 원리들을. 그로써 새로운 문학과 새로운 그래픽 예술을 위한 당신의 투쟁이 … 그런 것들로 밝게 빛날 수도 있다는 것을.[9]

2.1 알베르트 슈페어, "빛의 성당" 뮌헨 바이에른 주립도서관

벤야민은 파시즘이 어떻게 부상浮上하는지에 대해 꽤 구체적이다. 그는 근대성의 문제를 기존의 부富의 구조property structure 내에서 프롤레타리아 군중이 부상하는 것을 조율하기 위한 시도와 유사한 것으로 이해한다. 충돌을 해결하기 위한 한 가지 방법은, "민중들이 제거하고자 하는 부의 구조에 영향을 미치지 않으면서도 새롭게 창조된 프롤레타리아 대중들을 새롭게 조직하려는" 정치 형태인 파시즘에 의존하는 것이다. 파시즘은 따라서 근대성의 시작 지점에서 특별한 호소력을 지닌다. 벤야민에 따르면, 파시즘의 "논리적 귀결"은 "정치적 삶에 미학을 도입하는 것"인데, 이는 끔찍한 결과를 초래한다. 즉 "정치를 심미화하려는 모든 노력들은 결국 단 하나의 결론 즉 전쟁에 이르게 되는 것이다. 전쟁 그리고 전쟁 그것만으로, 전통적인 소유체계property system를 존중하면서도, 가장 큰 규모의 대중 운동들mass movements을 위한 하나의 목표로 설정할 수 있다."[10]

벤야민에 따르면, 기술적 생산은 근대성modernity 안에서 엄청나게 증가했지만, 기존 부의 구조에 제약을 받았기 때문에 자연스러운 방식으로 실용화될 수 없었다. 그와 같은 기술을 적절히 사용할 수 있을 만큼 충분히 "성숙"하지 못한 사회는 실업과 경제 위기로 고통 받게 될 것이다. 그 때문에 파시즘은 억눌린 감정을 "부자연스럽게" 해소하는 것으로 이러한 곤경을 벗어나는 방법을 제공하고 전쟁을 수단으로 몰아간다. '예술은 지속되리라—세계가 멸망한다 할지라도Fiat ars—pereat mundus' 라는 표현은 파시즘을 말한다. 그리고 마리네티가 인정한 것처럼, 기술에 의해 변화해온 감각인식의 예술적 희열을 전쟁이 제공해주기를 기대한다."[11] 철저히 자기소외화가 진행된 세계에서 파시즘이 그 같은 호소력을 지닐 수 있는 이유는 엄밀히 말해 전쟁을 스펙터클로 포장하고 파괴라는 심미적 희열을 통해 기쁨을 얻기 때문이다. 이처럼 표면을 물신화하는 데서, 더 깊은 존재론적 질문-전쟁의 공포와 비인간성-은 얼렁뚱땅 넘어가게 된다. 순간에 도취되어, 사회적 · 정치적 현실들은 간과된다. 전쟁을 심미적으로 찬양하는 데서, 정치의 심미화는 그것이 지닌 온전하고도 불온한 잠재력을 현실화한다.

건축의 심미화

사건들은 정치 심미화로 인한 불가피한 결과와 관련하여 벤야민의 주장이 지극히 옳

았음을 증명하였다. 그러나 또 다른 20세기의 끝자락인, 오늘날 미디어 사회의 이미지들로 포화상태에 이른 상황에서 벤야민이 내린 결론을 재평가해볼 수 있을 것이다. 보드리야르가 관찰한 바와 같이 모든 것이 미학의 영역으로 전환되는 시대에, 정치 그 자체는 좌우 진영의 전全 영역에 걸쳐 심미화되어 왔다. 따라서 우리는 한편으로 이러한 과정이 실제 전쟁으로 끝날 수도 있는 반면, 그 과정은 마찬가지로 일종의 희석稀釋, 즉 정치적인 것이 이미지 수준으로 축소될 수도 있다는 사실을 알아차릴지도 모른다. 이때 정치 심미화의 문제는 심미화의 시대에 특히 극심해진다. 그때에는 전쟁이 한낱 단순한 이미지로 축소될 수도 있다. 베르나르 츄미Bernard Tschumi가 말한 바와 같이, 우리 건축 문화의 바로 그 심장부에까지 퍼져 있다는 것이 문제다.

일반적인 형태의 심미화는 실제로 미디어에 의해 생겨났고 전파되있다. 스텔스 폭격기가 텔레비전 방송에서 보여주는 사우디아라비아 석양에서 심미화 되듯, 성性이 광고를 통해 심미화되듯, 모든 문화—이는 물론 건축을 포함한다—가 이제는 심미화 되어 "이미지로 복사된다." 뿐만 아니라 이들 이미지의 동시 재현은 역사를 동시적 이미지로 축소하는 것으로 이어진다. 농구경기와 광고 사이에 배치된 걸프전 이미지들뿐만 아니라 건축 잡지의 이미지, 궁극적으로는 우리 도시들의 이미지도 마찬가지다.[12]

이것이 초래한 결과는 엄청나다. 왜냐하면 이 심미화 과정이 유도한 깊이의 축소는 걸프전이 농구경기와 동일한 수준으로 취급되고 있다는 사실을 확인시켜주기 때문이다. 보드리야르가 신랄하게 지적했던 것처럼, "걸프전은 발발하지 않았다."[13] 그것은 단순히 하이-테크 기계장치와 정교한 전자시스템의 시대에 군대가 실제 전쟁을 경험하지 않는다는 것도, 바로 그 결과의 예측 가능성과 실질적인 무장 충돌의 상대적 부재가 '본질적으로 전쟁이 발발하지 않았다거나 전쟁과 관련이 없다는 것what is essentially a nonwar' 을 만들어 낸다는 것도 아니다. 오히려 미디어가 실제 사건들을 시뮬레이션화한 것—시뮬라시옹simulation—이 이러한 가상 전쟁의 발발에 공모한다. 시뮬라시옹의 문화—파격적인 TV세상, 전자레인지에 데워먹는 인스턴트 저녁식사, 홈 무비—에서, 우리는 전쟁의 실상을 파악할 수 있는 역량을 상실했다. 전쟁의 공포는 마치 공포 영화 속의 공포처럼 소비되고 있다. 전선으로부터 날아온 뉴스속보는 TV연속극과 황금 시간대의 시청률을 다툰다. 이처럼 심미화된 겉모습의 세계에서,

2.2 F-117 스텔스 폭격기, 그라지아 네리Grazia Neri

2.3 호크 지대공 미사일, 그라지아 네리

2.4 이라크의 밤하늘, 1991년 1월 16일, 그라지아 네리

걸프전은 전쟁으로서의 존재론적 실상은 씻겨나가고 하이퍼리얼한 오락의 한 형태가 된다. 그리고 죽음의 기계—스텔스 폭격기—가 붉은 오렌지 빛 사우디아라비아의 석양을 등지고 그토록 유혹적으로 비칠 수 있는 것은 이 “겉모습을 신성시하는 지평sacred horizon of appearances” 에서다.

이 모든 것들이 사실상 정치 심미화의 두 가지 징후들manifestations—벤야민이 고심했던 파시즘과 오늘날 더 희석된 이미지 정치—은 공통적인 무엇인가 있을 수도 있는 것은 아닌지에 대해 다시 생각하도록 만드는 것일 수 있다. 왜냐하면 정치 심미화는 단순히 정치적인 것을 심미적인 것으로 대체하는 것이 아니라 그 둘의 관계를 재구성하는 것이며, 그 과정에서 정치와 심미화는 종종 복잡한 방식으로 공모하기 때문이다. 그렇다면, 정치를 심미화하는 두 형식이 동일한 결과에 기여할 수도, 그리고 두 프로젝트 아래 숨어있는 지극히 반동적인 프로그램a deeply reactionary program이 있을 수도 있다는 것인가? 파시즘은, 정치적인 것과 심미적인 것이 미묘하게 얽혀 있어서, 사실 오늘날 정치적인 것의 상황status을 평가하게 만드는 어떤 통찰이 있을 수도 있지 않은가? 그리고 특히 무엇보다 이미지가 결정적인 역할을 하는 건축과 같은 영역에서 말이다. 그리고 만약 위험에 처한 것이 파시즘의 가능성이라면, 건축 실무에서 드러난 이 문제를 우리는 어떻게 보아야 하는가?

역사적 관점에서 건축이 전체주의 체제에서 중요한 역할을 수행하였다는 점은 거의 의심의 여지가 없다. 차우셰스쿠Nicolae Ceausescu 역시 그보다 앞선 히틀러, 스탈린, 그리고 무솔리니 못지않게 건축을 일종의 “돌의 언어word in stone”로 이용했다. 덜 분명하긴 하지만 어쩌면 동일하게 중요한 것은 건축이 훨씬 더 흔한 상황에서 어느 정도 파시즘적인 경향을 발전시켜 온 방식일 것이다. 그리고 이런 일들은 더욱더 은밀히 퍼지는데, 정확한 이유는 그것들이 그다지 명료한 방식으로 스스로를 공표하지 않기 때문이다.

따라서 가장 골치 아픈 물음은 다양한 파시즘적 체제가 건축을 도용하고 이용하였을 수도 있는 그 방식이 아니라 건축 문화가 특정한 파시즘적 충동을 표명할 수도 있는 방식에 있다. 여기서 파시즘은 특정한 역사적 의미로 이해하는 것이 아니라 좌우 어느 진영에 의해서든 어떤 형식의 권력을 과도하게 이용하거나 남용하는 것을 포괄하는 의미에서 이해해야 한다. 건축 모형을 점검하는 차우셰스쿠나 히틀러와 같은 독재자들의 이미지와, 비슷한 상황에 놓인 건축가들의 이미지들 간에 그럴 수 있는 유사점들이 분명 존재한다. 중요한 사회적 정치적 파장을 지닌 건축 이슈들은 너무나 자주 심미적 근거에 의해서만 결정된다. 이런 지경에 이르면, 인구밀도가 아주 높은 지역을 도로가 관통하도록 강제하는 독재자의 무감각insensitivity은 종종, 사회적 · 정치적 결과에는 거의 관심을 두지 않은 채, 건축 모형을 대신 이용하여 호기심 어린 권력 게임에 참여하는 건축가의 무감각과 일치한다. 스케일 면에서 건축가와 건축 모형 간에 존재하는 격심한 차이는 제안서 상의 실제 현장에서 걸리버와 같은 입장의 권위를 갖도록 한다. 전 구역은 종종 심미적 수준으로만 다루는 연습과정에서 메스의 칼날에 잘려나감으로써 지워질 수도 있다. 어떤 사람은 이에 대한 결론으로 모든 파시스트 독재자에게 잠재적인 건축가가 있을 뿐 아니라 모든 건축가에게 잠재적인 파시스트가 있다고 가정할 수도 있을 것이다.

벤야민은 파시스트를 "자신과 자신의 신, 단 둘만 있는 고결한 고독 속에서…… 독가스탄을 가득 실은 단독 비행기 조종사"로 묘사한다. 그의 권력은 절대적이다. 즉 "그가 흔적을 남기는 곳이라면 더는 잡초가 자라지 않을 것이다."[14] 오늘날 우리 건축가들과 그들의 유사점들을 추적할 수 있는 것은 현대의 전산화된 군사장비라는 맥락, 그러니까 지상에 있는 자신들의 목표물로부터 스스로를 추상화시켜, 자신들만의 기술적 거품에 갇혀 무감각해진 조종사들이라는 맥락에서다. 왜냐하면 단지 컴퓨터 화면 상에서의 조정뿐만 아니라 종종 일상생활로부터 건축가를 분리시키는 디자인적 사고를 주입시키기 때문이다. 즉 건축담론의 총체적 심미화는 건축가들을 마취시켜, 그들의 심미적 보호막 속에 가두어 버린다. 심지어 파괴마저도 심미적 수준에서 다루어질 정도로 말이다.

미래파 예술가들의 정신은 레비우스 우즈Lebbeus Woods의 작품 속에 반영되어 있는 것 같다. 그는 자신의 저서 『전쟁과 건축』에서 사라예보에서의 죽음과 파괴가 대단히 심미적인 경험이라는 것을 명확히 발견한다. "전쟁은 건축이고, 건축이 전쟁이다!"라고 그는 선언한다.[15] 이처럼 건축과 전쟁을 동일시하는 것에서 가장 우려스러운 것은 건축을 일종의 전쟁으로 보고자하는 시도가 아니라, 건축은 어쩔 수 없이 일정부분 전쟁과 같은 파괴를 포함하기 때문에, 거기에서 구축의 바로 그 과정은 예전의 부지에 있었던 것이 무엇이든지 간에 파괴를 전제로 한다는 점이다. 그것은 오히려 전쟁을 건축의 한 형태로 보려는 경향인 것이다. 사라예보의 물리적 파괴는 상처입은 신체와 관련한 담론에 속하는 용어들인 "주사injection", "흉터scar", "딱지scab"

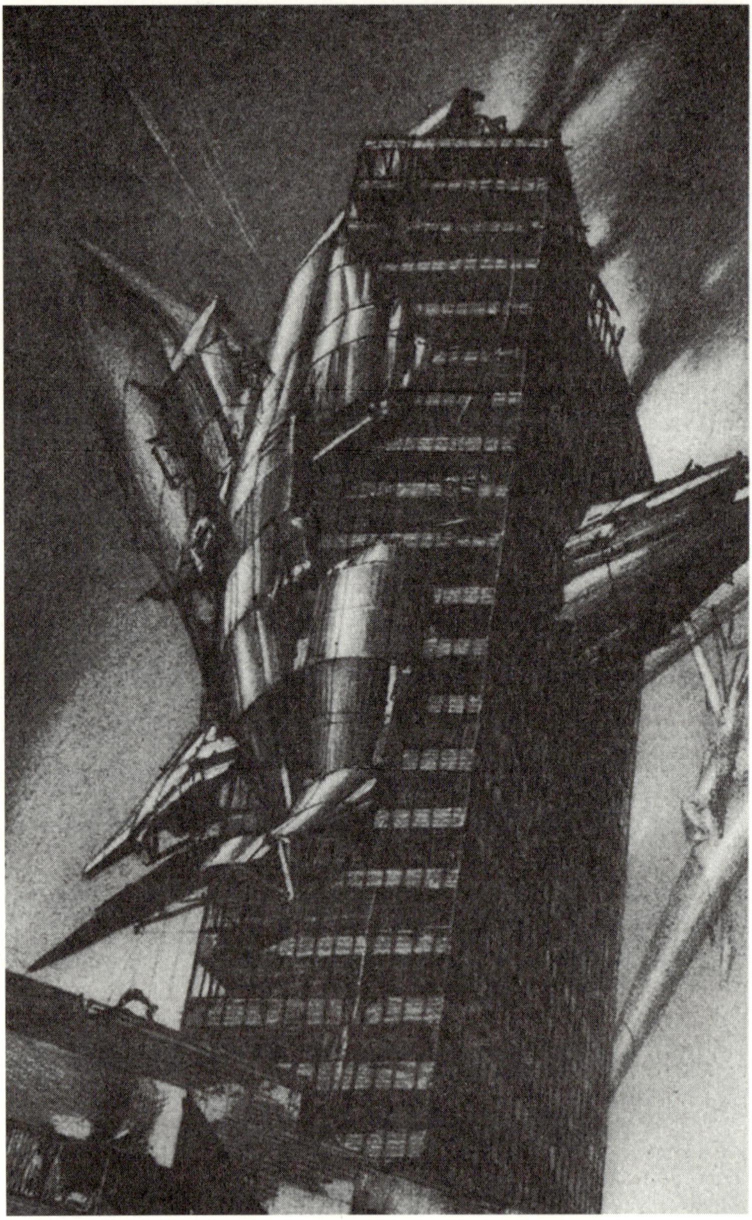

2.5 레비우스 우즈, 사라예보 연구. 우즈,『전쟁과 건축』13쪽

와 같은 새로운 형식의 건축을 위한 미적 추동력을 제공한다. 이 형식들은 건물의 파괴된 상태를 수용하고 그것을 새로운 형식의 미학으로 통합시킨다. "주사"는 파괴로 인해 텅 빈 상태로 남겨진 공간들에 "주입된" 구조물이다. 그 구조물은 정확히 들어맞는 것은 아니지만 옛 것과 새 것 간의 차이를 그대로 남긴다. "딱지"는 "노출된 실내 공간이나 빈 곳에 방패역할을 하는" 새로운 구축물이며, "뒤이어 변형이 이루어지는 동안 그 공간을 보호한다."[16] 한편 "흉터"는 맥락적인 것이란 이름으로 혹은 여타 통합형식 중 어느 쪽과도 타협하지 않고도, 새것과 옛것을 조화시키고 합치면서 "그 둘을 융합하는 더 깊은 차원의 구축"이다.[17] 그렇게 하면, 이 형식들은 파괴된 건물들에 대응해 생성되지만, 보다 중요하게는, 그 들쭉날쭉하고 찢겨진 미학에서 그 형식들이 훼손된 건물의 형태를 보완하면서도 영감을 이끌어낸다는 것이다. 그와 같이 형식들은 파괴에 대한 일종의 미학적 찬사를 이룬다.

우즈는 "나는 전쟁 중이다!" "나의 시대, 나의 역사, 확고하면서도 공포감을 주는 형식들 안에 존재하는 모든 권위에 맞서."라고 주장한다.[18] 사라예보의 미래에 대한 관심과 그 상황에 대한 공감을 표하고 있는 허울뿐인 동정어린 수사 뒤에서, 우즈는 겉으로 보기에 자신이 수행한 프로젝트의 핵심에 위치한 것이 심미화라는 것을, 다시 말해 자신이 제안한 건축해법으로 인해 악화된 상황을 알아차리지 못한 듯하다. 여기서 혹독한 검증과정을 거친 사회적 · 정치적 어젠다의 결핍은 그의 테크노-건축에 공상과학소설 같은 분위기를 더해주며, 그로 인해 그의 (건축이 보여주는) 유혹적 이미지와 사라예보 거리의 삶의 실제적 현실간의 간극을 증폭시키고 있다. 더군다나 그의 프로젝트가 보여준 바로 그 기술에 대한 물신화는 그의 작업을 그 사회적 맥락으로부터 더욱 더 멀어지게 한다. 한편 우즈는 자신이 제안한 건물들의 정치적인 활용과 공간적 실천을 실질적으로 고려하는 대신, "혼종성"과 "헤테라키heterarchy [1]라는 포스트모던 구호들을 제시하는데, 그것들은 위계적이고 조직화된 전쟁에 대한 해독제로서 얼마간 지지를 얻어내긴 하지만, 전쟁은 일어날 수밖에 없기 때문에, 그 반대가 무엇이 되었든 위계적인 것이 어느 정도 전쟁을 저지할 수도 있다는 미심쩍은 전제를 바탕으로 한 것이다.

2.6 레비우스 우즈, 사라예보 연구. 우즈, 『전쟁과 건축』 15쪽

31
파시스트와 같은 건축가

폭발과 화염들이 만들어낸 벽, 지붕, 바닥 구조물들의 너덜너덜한 상흔들은 역사와 의미 차원에서 독특한 복합적인 모습과 형상들로 이루어져 있다. 그 두 가지는 비슷한 데가 없다. 그럼에도 불구하고 그 둘 모두 공통적인 면이 있는데, 그것들이 전쟁이라는 계산된 위험 속에 풀어놓은 폭력의 예기치 못한 결과에서 비롯한 것이라는 점이다. 그 둘은, 개별성과 창안으로부터 유래하는, 새롭게 사유하고, 살아가며, 공간을 빚어내는 방식들의 시작점이다. 그것들로 인해, 헤테라키적 공동체a heterachical community가 형성될 수 있으며, 그것이 조직화된 폭력과 전쟁에 적합한 위계적 토대를 불가능하게 한다.[19]

건축형태가 어느 정도 인간행위를 결정할 수 있고, 좋은 디자인은 더 나은 세계를 가져올 수 있다는 가정은 물론 우즈 혼자만의 것이 아니다. 이런 가정—일종의 신화—은 건축 담론의 전 역사에 명시되어 있다. 그러나 자신의 건축형식과 그가 옹호하는 "자유공간들"의 진보 정치 간의 관계는 직면해 보지 못했던 이슈다. 우즈의 입장에서는 "자유 공간들"을 충분히 제안할만하다. "그 형식들.... 그것들은 오래된 생활 용품, 낡은 생활방식과 사고가 점거하는 것을 달가워하지 않는다." 그 대신 "새로운 상황들로 짜인 촘촘한 매트릭스"를 제공한다.[20]

그렇지만 만일 미셸 푸코의 주장을 믿는다면, 건축 형태 그 자체는 이러한 조건들을 결정할 수 없다. 푸코는 제레미 벤덤의 파놉티콘을 논하면서 건축과 쓰임의 정치학 간의 연관성에 관한 몇 가지 명료하고도 예리한 논평을 내놓았다.[21] 파놉티콘은 중앙 통제탑 둘레에 방사상으로 배치된 수 개 층의 감호소로 구성되어 있다. 이 중앙 통제탑은 감호소에 있는 수감자들이 자신들이 감시받고 있는지 그렇지 않은지 확신하지 못하도록 가림막과 여타의 장치들을 설치해 놓은 반면, 교도관들은 각 감호소의 내부를 선명하게 볼 수 있다. 바꿔 말하면 이 건축 형태는 수감자들에 대한 효율적 감시를 용이하게 한다. 그것은 도서관, 중앙통제소를 갖춘 시설들에서 사용되는 원리이고, 그 원리는 원격조종 카메라와 같이 좀 더 최근의 감시 형태로까지 확장된다. 파놉티콘의 바로 그 건축적 레이아웃은 다양한 통제기술을 제공하는데, 그것은 푸코가 생각했던 것처럼 그 자체로 재소자들의 복종服從과 복종화服從化를 거의 자동적으로 보장하였을 것이다.

푸코는 이후의 인터뷰, 《공간, 지식, 권력》에서 파놉티콘의 사례를 다시 논한다. 여기에서 그는 해방이나 통제의 힘으로 작용할 수도 있는 것은 건축형식 그 자체가 아니라는 점을 강조한다. "내 생각에 자유를 행사할 수 있도록 보장하는 것은 결코 사물의 구조에 내재해 있는 것일 수 없다. 자유를 보장하는 것은 자유다."[22] 건축형식이 이뤄 내기를 바랄 수 있는 것이라고는 특정한 정치적 쓰임을 저지하거나 방지하는 것이다. 건축형식 그 자체는 자유롭게 하는 것일 리 없는데, 비록 "자유롭게 하고자하는 건축가의 의도"가 사람들이 자유를 행사하는 데 있어서 현실적인 실천과 일치할 때 "긍정적 효과"를 만들어 낸다 할지라도 말이다."[23] 그렇다면, 파놉티콘의 경우 행동을 길들이는 것은 건축형식이 아니라 교도관과 수감자 간의 권력 차이이다. 건축물의 효율적 배치는 단지 이 같은 권력의 행사를 지원할 뿐이다. 그것으로서 푸코는 인간의 행태에 영향을 미치는 건축의 역량에 대한 결정적인 논평을 내놓았다.

다시 우즈로 되돌아가서, 그가 자신의 "자유공간들"이 자유민주주의적인 정치를 고취할 수 있으리라 기대할 만큼 순진하다는 것은 분명하다. 왜냐하면 건축형식은 그 자체로 어떤 특정한 정치적 쓰임을 결정할 수 없기 때문이다. 건축이 할 수 있는 모든 것은 기껏해야 어떤 공간적인 실천을 "요청할" 수도 있는 공간들을 제공하는 것일 뿐이다. 그런데도 우즈는 자유민주주의 사회의 공간적 실천에 대해서 살펴보지도 않았고 그러한 실천을 위해 최상의 공간을 제공할 수 있는 건축형식이 무엇인지에 대해서도 살펴보지 않았다. 그의 제안은 여전히 형태 미학에 갇혀 있다. 따라서 사라예보에 관련한 우즈의 작품은 그 세계를 심미화한 것으로 이해할 수 있다. 훼손된 건물들을 재사용하는 것에 관한 지극히 정치적인 문제들이 건축미학의 영역으로 전환되었을 뿐만 아니라 전쟁으로 찢겨나간 건물들의 전체 이미지는 세계를 새로운 심미화의 관점으로 바라보는 출발점으로 전용되었다. 발터 벤야민이 경고한 것들에 대해서는 주의를 기울이지 않은 듯하다. 이처럼 전쟁 이미지를 피상적으로 물신화한다는 점에서 심미화의 문제가 여기보다 더 적절하게 드러난 곳도 없다.

만일 사라예보의 파괴가 심미적 디자인을 위한 출발점이 될 수 있고, 걸프전의 이미지들은 농구 경기와 광고와 동일한 수준으로 다룰 수 있다면, 의미 있는 건축 담론에 무슨 희망이 있겠는가? 세계는 모든 내용이 비워진 채 심미화되고 마취되었다. 그리고 건축 잡지의 반질반질한 페이지와 유행에 민감한 영역인 건축학교 만큼이나 이 같은 상황이 더 분명하게 드러나는 곳은 없는 것 같다.

3

도취의 미학

THE AESTHETICS OF INTOXICATION

독일 사회학자이자 철학자인 게오르그 짐멜Georg Simmel은 재빠르게 새로운 의식적 행위패턴과 근대성의 환경적 경관을 연관 지으려 하였다. 짐멜은 자신의 글 「대도시와 정신적 삶The Metropolis and Mental Life」(1903)"에서 근대 대도시에서의 개인의 삶에 관한 가장 예리한 통찰들 중 하나를 제공한다. 그가 관찰한 바에 따르면 "대도시의 개인성이 형성된 심리적 토대"는 내 · 외적 자극들이 빠르고 지속적으로 변화함에 따라 정서적으로 격화된 삶이다.[1] 삶이 "더 느리고, 습관적이며, 더 부드럽게 흐르는 리듬"을 특징으로 하는 소도시나 시골에 사는 사람들과는 대조적으로, 대도시의 개인은 도시에서 격렬하게 퍼붓는 자극들을 수용하고 새겨야 하는데, 도시에서는 도로를 건너는 것조차 신경을 곤두세우게 된다. 도시 생활의 파편적이고 불규칙적인 충격들impulses을 기억에 새기는 것은 대도시적 유형의 심리적 세계관에 뚜렷한 영향을 미쳤다. 시골 생활에서의 단순하고 친숙한 패턴은 정신적 노력을 거의 들이지 않고도 수용할 수 있는 반면, 도시에서 "빠르게 접혀 들어오는 변화무상한 이미지들, 한눈에 포착되는 확연한 차이들, 예상하지 못한 폭력적 자극들"은 정신적 에너지를 더 많이 소비하도록 한다. 시골에서의 삶은 왠지 "좀 더 무의식적 수준"에서의 느낌과 정서적 관계에 호소하는 반면, 대도시의 삶은 추상적이고 지적인 수준에서 가장 잘 포착될 수 있을 것이다. 그에 따라 짐멜은 근대 대도시인의 유형의 모델을 자본주의 대도시에서 지성화 되고 감정을 드러내지 않는 행위패턴들이 자본주의 운동 그 자체와 어울리는 사람이라 말한다. 짐멜에 따르면, 대도시의 개인은 돈의 순환에 반응하는 추상적이면서도 무관심한 동작 유형을 발전시켰다.

짐멜이 말하고자하는 논지의 핵심은 둔감함the blase outlook이라는 개념이다. 근대 대도시의 개인은 도시에서의 정신적 삶에서 과잉 자극에 대처하기 위한 방어 기제를 발달시켜야만 하고, 둔감함은 이러한 상황의 산물인 동시에 그 상황에 대한 일종의 방어다. 짐멜은 "둔감함은 애초에 급속히 변하는 신경자극들의 결과인데, 모두 제각각인 신경자극들을 접하고, 그로 인해 우리는 대도시적 지성을 강화하게 된 것 같다"고 이해한다.[2]

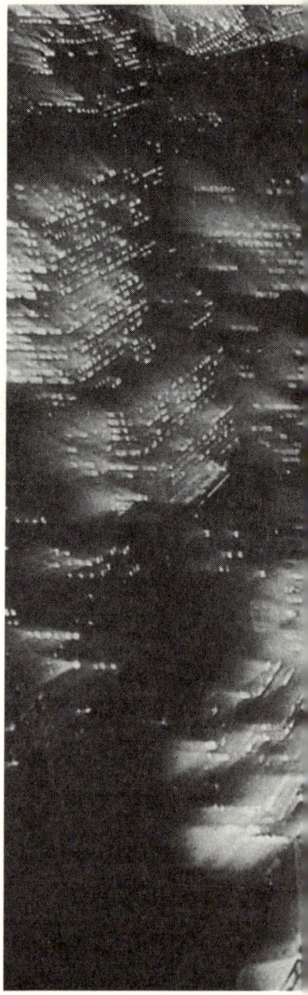

> 마치 지나치게 감각적인 생활이 사람을 둔감하게 만드는 이유가 극도의 반응성에 이르기까지 신경들을 자극하면, 신경들은 결국 더 이상 아무런 반응도 일으킬 수 없게 되는 것과 마찬가지로, 덜 해로운 자극들도 그 변화가 급격하고 대립적일 경우 신경들이 그와 같이 격렬하게 반응하도록 만들고, 신경들이 비축해놓은 마지막 힘마저 소진하게 하며, 그 같은 환경이 계속되면, 새롭게 형성할 수 있는 시간을 갖지 못할 정도로 아주 난폭하게 신경들을 찢어 놓는다.[3]

둔감해진다는 것은 따라서 도시의 정신적 충격들에 충분히 반응할 수 없게 된다는 것이다. 그러나 중요한 것은 이러한 상태가 본질적으로 방어적인 상태라는 점이다. 외부 자극에 대해 미지근하게 반응함으로써, 대도시에 사는 개개인은 과잉자극에 맞서 일종의 방어막defensive cocoon을 발달시킨다. 무덤덤한 태도는 개인이 근대 대도시의 상황에서 살아남기 위해 습득한 방식을 드러낸다. 따라서 둔감함은 일종의 적응현상이며, "그 속에서 신경nerves은 자극에 대한 반응을 포기하는 것으로 대도시인의 삶의 내용과 형태에 스스로 적응하기 위한 마지막 가능성을 드러낸다."[4]

발터 벤야민의 저작에서 이와 유사한 주제를 발견할 수도 있는데, 그는 샤를 보들레르Charles Baudelaire의 시각을 통해 근대 대도시인의 유형을 본다. 사실은 짐멜보다 훨씬 앞서, 둔감한 개인의 저변에 깔려있는, 무아지경 상태trancelike state를 명료하게 설명했던 사람은 바로 보들레르였다. 보들레르는—자신 스스로 다양한 종류의 약물로 실험하였다—대도시에서의 삶을 마약을 한 것과 같은 상태로, 그리고 그것은 신화적 차원에 휩싸여 있는 삶이라 말한다. 벤야민이 관찰한 바와 같이, 보들레르에게 있어서 대도시는 종교적 도취처럼 넋을 빼놓는 현장이었다.[5]

3.1 맨해튼, 프란시스코 이달고 Francisco Hidalgo

도시라는 마약

이와 유사하게 초현실주의자들Surrealists은 마음을 들뜨게 만드는 대도시의 속성을 알아차렸다. 그들에게 있어서 도시는 무엇보다 상상력에 불을 지펴 타오르게 하는 매혹적인 꿈의 광경이었다. 요란하게 울리는 경적소리와 번쩍이는 네온 불빛들이 만들어낸—근대 대도시의 파편적이고 만화경적 충격들kaleidoscopic impulses—도시의 바로 그 불협화음은 그들에게 자극과 도취의 원천을 끊임없이 제공하였다. 그들이 미의식을 끌어올리고 짐멜이 관찰하였던 현상들을 의도적으로 이용함으로써 성취해낸 것이 바로 이것이다. 도시의 자극에 대한 초현실주의자들의 감수성은 그와 같은 유혹들에 굴복하고 욕망과 산만함을 좇아 넋을 잃고 대도시를 배회하게 만드는 일종의 마약에 취한 듯 무아지경narcotic trance에 빠지도록 하였다.6

초현실주의자들이 도시에 대한 인식을 강화하기 위한 수단으로 술과 마약의 잠재력을 탐색하는 동안, 초현실주의 자체는 그들 스스로 "마약중독"에 개방적일 수 있었다. 루이 아라공Louis Aragon은 "오늘 나는 의식의 한계, 바로 심연의 가장자리에서 발생하는 환각 상태로 여러분을 데려갑니다..."라고 적고 있다. "이것은 순간적인 것들의 영역, 즉 스냅 샷의 세계로 들어가는 입구입니다."7 아라공이 독자들에게 "심지어 손에 아무런 도구를 갖지 않고서도 ... 지금껏 [대마초 흡연자들의] 쾌락이 불완전했다는 것을 상기하며, ... 핀pin이 아니라 황홀케 하는 이미지로 당신 가슴속 생명의 십자가에 구멍을 내며 주문을 외우는 스스로를 발견할 수 있도록" 간청한 것은 초현실주의라는 마약에 취한 상태에서다. 그리고 아라공 스스로가 근대the modern에 대한 자신의 신화학mythology을 인식한 것도 그러한 중독 상태에서였다. 그가 말하기를 "무수히 많은 신성한 응결물들divine concretions [1] 사이를 취한 듯 걸어가며, 나는 움직이는 신화를 구상하기 시작했다. 그것은 근대의 신화라고 하는 편이 더 정확했다. 그리고 내가 그것을 상상한 것은 그러한 명칭에서였다."8

이처럼 정신적 방종상태spirit of abandonment에서 세계는 신화화 될 수 있었고, 심지어 가장 기술적이면서도 외견상 합리적인 사물들objects조차 신화적 창조물로 변형될 수 있었다. 아라공에 있어서 현대적인 급유펌프마저 어느 정도 신화적인 형태로 탈바꿈metamorphose 할 수 있었다.

37
도취의 미학

영문英文 또는 창작명創作名으로 밝게 채색된 단 하나의 길고 유연한 팔, 어둠속에서 빛나는 얼굴 없는 머리, 한 개의 발과 복부에 번호가 매겨진 바퀴, 급유펌프는 간혹 이집트의 신성물들의 모습 혹은 오직 전쟁만을 숭배하는 식인종들이 갖고 있는 신성물들의 모습을 띤다. 오o, 텍사코 모터오일Texaco motor oil, 에쏘Esso, 셸Shell이여! 인간의 잠재력이 각인된 위대한 명문들이여! 머지 않아 우리는 당신들의 샘 앞에 경배를 올릴 테고, 우리 중 가장 어린 자들은 나프타naphtha속에 있는 그(회사)들의 정령들을nymphs 바라보다 죽음을 맞이할 것이오.[9]

보들레르에게 그렇듯, 초현실주의자들에게, 대도시는 끊임없는 도취intoxication의 원천이었다. 대도시는 마약과 같은 효력, 그러니까 개개인이 둔감한 태도blase attitude를 갖도록 하는 역량을 지니고 있었다. 그리고 짐멜처럼, 보들레르는 이러한 상황을 "충격" 원리에 근거를 두었고, 벤야민이 관찰한 바와 같이 보들레르에게 있어서 근대성은 카메라와 그 외 유사 시각 장치들이 셔터를 터트리는 것과 같은 갑작스럽고 급격한 움직임이 특징이다.

이런 종류의 촉각적 경험들은 시각적 경험들과 결합되었는데, 가령 일간지의 광고지면이나 대도시의 교통이 제공한 것들이 그런 것이었다. 이러한 교통수단을 통한 움직임은 개개인에게 일련의 충격이나 충돌을 겪게 했다. 위험한 교차로에서, 신경증적인 충격은 배터리에서 발산되는 에너지처럼 빠른 속도로 잇달아 개개인을 관통한다. 보들레르는 군중 속으로 뛰어드는 사람을, 마치 축전지 속으로 뛰어드는 사람이라 말한다. 충격의 경험을 억제하려들기 때문에, 보들레르는 그를 "의식을 장착한 만화경" 이라 부른다.[10]

벤야민은 보들레르로부터 이러한 수제들을 집어 올린다. 그는 대도시가 초현실주의자들에게 매력적인 것임을 인정하면서도 아라공 등이 지지했던 "근대의 신화mythology of the modern" 에 대해서는 비판적인데, 꽤 놀랍게도 스스로 "도취의 변증법" 이라 명명함으로써 초현실주의 내에 있는 해방적 잠재력을 인정하자고 주장한다. 이런 의미에서, 다소 역설적이게도, 도시에 대한 도취는 일종의 "세속적 깨달음profane illumination [2]" 이라는 형식을 제공하는 것, 그러니까 신화 이면에 놓여있는 현실을 언뜻 보여주는 것일지도 모른다.[11] 근대성의 문제는, 벤야민에게, 정확히 신화에 관한 문제다. 왜냐하면 계몽의 변증법이라는 맥락에서 이해하였기 때문인데, 그러한 맥락에서 신화와 합리성은 상호긴장 속에서 유지되는 계몽문화의 양 극단을 이룬다. 신화—계몽의 합리성 측면에서는 신비스러운 "타자other"—는 그릇된 인식의 한 형태로 여겨졌다. 신화는 현실성reality을 효과적으로 가로막았다. 근대성은 일반적으로, 세계의 미몽에서 깨어나는 것, 신화를 제거하는 것으로 생각되지만, 벤야민에게 근대 대도시는 신화, 일종의 꿈-세계, 판타스마고리아phantasmagoria [3]로 도취되는 현장, 만화경 같은 것, 불협화음들과 얽혀있다. 근대 대도시는 신화로부터 벗어나는 것이 아니라 정확히 신화에 사로잡혀 있다. 그 신화는 아마도 혁신적이고 패셔너블한 상품세계 속에서 새로운 겉모습guises으로 가장해 왔을 것이다. 따라서 근대 제조업이 지닌 바로 그 추상성은 그 생산물들이 마치 마법처럼 꿈-세계의 판타스마고리아를 상기시키는 것처럼 보인다. 이러한 과정은 "항상 똑같은 것을 늘 새것처럼 꾸미는the always-the-same dressed up as the ever-new 패션계에 힘입은 것이다. 벤야민에게, 패션은 이러한 꿈-세계라는 허위의식에 기여하는 "지칠 줄 모르는 동인動因" 역할을 한다. 이 모든 것이, 근대적인 실존modern existence을 떠받치고 계속되는 역사의 야만성을 감추는 진보라는 기만적 교리의 베일에 가려져 있다. 벤야민은 이렇게 적었다. "문명의 기록이란 없다." "그것이 동시에 야만의 기록이 아니고서는 말이다."13

만일 근대 대도시가 신화에, 마치 허위의식에 의한 것처럼, 둘러싸여 있다면, 벤야민이 보기에는 이러한 신화를 꿰뚫어 보고 세계를 탈-신화하는 것은 책임 있는 개인에게 주어진 과업이다. 초현실주의가 어느 정도 혁명적 잠재력을 지닐 수 있다면 바로 이 지점에서다. 비록 초현실주의 그 자체가 신화의 원리를 기반으로 하는 것처럼 보일지라도, 초현실주의는 신화의 "세속적 깨달음"을 통한 정치적 변화의 가능성을 내포하고 있는데, 벤야민은 세속적 깨달음이 이 같은 신화의 막을 꿰뚫을 수 있는 것으로 보았다. "도취의 변증법"을 통해, 그러니까 마약에 기대는 것이 아니라 유사한 특성을 뚫고 나감으로써, "세속적 깨달음"은 신화로부터 자유로운 세계를 섬광처럼 언뜻 보여 주었다. "종교적 깨달음religious illumination에 대한 진정한 창조적인 극복은 분명 마약에 있는 것이 아니라" "세속적 깨달음, 유물론자, 인류학적 영감에 있으며, 대마초, 아편 혹은 그 밖의 어떤 것이든 그곳에 이르는 입문적 교훈introductory lesson을 줄 수 있다."고 벤야민은 적고 있다. 따라서 초현실주의는 혁명적 통찰을 통한 해방의 가능성을 품고 있었다. "혁명을 위해 도취의 에너지를 쟁취할 것." 벤야민이 보기에, 이것이야말로 초현실주의의 "가장 특별한 과업"이었다.15

39
도취의 미학

벤야민 역시 도시가 지닌 마약효과를 알아차렸다. 벤야민이 보기에, 근대 대도시의 소용돌이치는 군중 속에서 주체the subject는 마치 약에 취한 것처럼 일종의 심미적 보호막이라는 형태 속에 갇히게 된다. 벤야민의 최우선 주제는 매춘부와 넝마주이처럼, 한 시대에서 다음 시대로 넘어가는 근대성modernity의 문턱에 위치한 아케이드들과 같은 잉여공간에 거주하는 플라네르flaneur [4] 즉 도시의 산책자들이었다. 이때 플라네르는 역사적으로 매우 특별하다. 벤야민이 보기에, 만약 어떤 사물들objects이 각자의 잠재력을 드러내는 순간이 바로 그것들의 수명이 다하게 된 때라고 한다면, 그래서 이전 질서의 마지막 숨을 몰아쉬는 플라네르는 근대the modern의 선先역사를 구현하게 된다. 벤야민이 말하는 플라네르는, 그러니까 거북이를 데리고 산책하고 근대세계의 맹습을 저지하려는 전략들로 명성을 얻었지만 그에 못지않게 근대시장에 자신의 옷가지를 내다 파는 것에도 만족하는 이 무심한 관찰자는 짐멜의 글에 나오는 둔감한 개인blase individual과 어느 정도 유사하다. 플라네르는 실제로 둔감할 수 있지만, 짐멜의 둔감한 개인과 달리, 그는 군중 속에 있는 한 사람이 아니다. 플라네르는 근대적 삶을 배우는 학생이며 어느 카페의 창가에서 군중을 관찰하는 것을 더 편하게 느낀다. 그러나 플라네르는 그에 못지않게 군중에 의해 도취될 수도, 흥에 겨워 군중에 휩쓸릴 수도 있다. 마치 소비자들의 물결에 둘러싸인 상품처럼.

군중은 무법자들의 최신 망명지일 뿐만 아니라 내버려진 자들을 위한 신종 마약이기도 하다. 플라네르는 내버려진 인물이다. 이런 상황에서 플라네르는 상품이 처한 상황을 공유한다. 플라네르는 이러한 특수 상황을 알지 못하지만 이것이 그에게 미치는 효과를 약화시키는 것은 아니다. 그것은 마치 그가 겪은 수많은 굴욕을 보상해 줄 수 있는 마약과도 같이 그에게 스며들어 그를 더없이 행복하게 만든다. 플라네르가 빠져드는 그 도취는 소비자들의 물결 주변으로 밀려드는 상품에 대한 도취다.[16]

아마도 벤야민 스스로 도시와 교전하기 위한 수단으로 마약을 복용하며 실험했던 것은 우연이 아닐 것이다. 그는 「마르세유에서의 대마초Hashish in Marseilles」라는 글에서 대마초의 효력으로 어떻게 "공간이 확장되고, 땅이 가파르게 기울고, 대기의 감각들—증기, 이해하기 힘든 공기의 무거움, 색채들이 점점 밝아지고 더 빛나며 사물들이 더 아름다워지는 것—이 생겨나는지를 적고 있다.[17] 마약은 마치 종이 조각위로 떨어지는 그림자가 종이를 손상시키려 드는 것이라 느낄 정도로 벤야민을 둘러싼 모든 것에 대한 그의 감수성을 끌어올린다.[18] 동시에 마약은 그를 현실로부터 떼어 놓으며 도시에 대한 그의 경험을 왜곡시킨다. 그로인해 요란스러운 자동차의 경적소리는 취주악단의 연주로 오인하게 된다. 그것은 마치 도취가 그에게 도시의 파편적 충격들을 이해할 수 있도록 해주는 것과 같다.[19] 도시는 일종의 위안, 거의 종교적 허구가 되는데, 그 때문에 벤야민은 초현실주의자의 도시경험과 종교적 "아편"을 비교할 수 있는 것이다.[20]

벤야민이 짐멜, 보들레르, 아라공과 같은 저자들에게서 나타나는 근대 대도시에 대한 설명을 덧붙인 것은 일종의 정신분석적 차원이다. 벤야민은 유사한 징후들을 인식하면서도 약간 다르게 분석한다. 짐멜은, 과도한 자극이 어떤 사람의 신경말단을 둔감하게 했다는 이유로, 둔감한 개인을 신경학적 용어를 써서 직설적으로 기술하는데 반해, 벤야민의 해석 속에서 정신the mind이라는 것은 현대적 존재contemporary existence에 대한 지속적인 충격으로 인해 마취된 무엇이다.[21]

근대의 충격

분명, 벤야민이 보기에, 근대적 삶의 핵심에 있는 것은 충격인데, 바로 거기서 테크놀로지는 이전 시대와는 본질적으로 다른 환경을 만들어낼 뿐만 아니라 인간행위를 길들이고 지배적인 정신적 세계관을 낳는다. 벤야민이 보기에, 인간의 정신human psyche은 본질적으로 하나의 유기체이며, 그것은 물리적 환경에 지속적으로 적응한다. 우리는 이러한 적응을 생존에 입각한 방어 기제로 이해하여야 한다. 이러한 의미에서 인류는 외부환경에서 유사성을 찾고 아무것도 존재하지 않는 곳에서는, 그곳 환경에 적응하고자 하는 본능적 욕구를 따르는 카멜레온을 닮았다. 이 과정을 설명하기 위해 벤야민이 사용하는 용어가 *미메시스mimesis* [5]다. 모방 충동mimetic impulse을 통해 인간은 외부세계의 면면을 모사模寫하려한다. 이러한 과정은 죽음의 본능death instinct—환경과 하나가 되고자하는 욕구—에 의해 통제되는 것처럼 보이지만 그것은 죽음이 아니라 생존을 전제로 하는 것이다.[22] 이런 이유로 우리는 미메시스에서 희생적 테마를 알아볼 수 있을지도 모른다. 왜냐하면 종교적 관점에서, 희생은 죽음을 통해—사실상 죽음을 초월함으로써—삶을 지속하려는 것과 마찬가지로 미메시스의 핵심에 위치한 카멜레온과 같은 본능은 일종의 생존 메카니즘으로 흉내내기mimicry를 이용하기 때문이다. 생명이 위협받는 상황에 처했을 때는 인간이 수많은 동물들처럼 꼼짝하지 않는 것으로 이러한 사실을 알 수 있다. 꼼짝달싹하지 않는—죽은듯한 모양을 취하는—바로 그 과정이 생존을 위해 죽음을 가장假裝하는 메커니즘인 것이다. 생기가 없는 듯이 보임으로써, 생물은 스스로를 위장하고 주변과 뒤섞이려 한다. 마치 보이지 않는 것처럼.

벤야민이 보기에, 이러한 원리가 인간의 모든 행동을 뒷받침한다. 따라서 모방 원리는 인류가 끊임없이 자신의 환경에 적응한다는 사실을 알려주는 것일 것이다. 도시의 파편적인 충격들, 즉 근대적 삶의 충격적이고 갑작스럽고 삐걱거리는 경험들은 인간 스스로의 행동 속에 복제 되었을 것이다. 인간은 외부환경의 충격에 적응하기match 위해 반사 신경reflexes과 반응들을 발전시키고자 하였다. 벤야민은 이에 대한 전형적 사례를 군중의 행동crowd behavior에서 찾을 수 있었을 것이다. 군중 속의 남지를 다룬 에드가 알렌 포Edgar Allan Poe의 소설에서, 벤야민은 어떤 사람이 떠밀렸을 때 어느 정도 자동으로 지나칠 만큼 그를 떠민 사람들에게 어떻게 머리를 조아리는 지에 대해 주목한다.[23] 벤야민이 모더니티의 본질을 이해한 것은 바로 이러한 제스처, 다시 말해 형식적인 미소처럼 공허한 제스처에서다.

프리츠 랑Fritz Lang의 영화 〈메트로폴리스〉에서 아주 분명히 보여준 것처럼, 그 같이 추상화된 행동 패턴으로 인류는 얼마간 기계적 특성들을 취해 왔다. 독일 건축가이자 사회이론가인 지그프리드 크라카우어Sigfried Kracauer는 기계화 된 현대적 노동 행위labor practices와 그에 상응하는 심미적 행위aesthetic practices를 명쾌하게 비교한다. 틸러 걸 무용단Tiller Girls dance group을 분석하면서, 그는 무희舞姬들의 정해진 춤동작이 지닌 탈개인화된 패턴들이 어떻게 문화 속에 만연해 있는 추상화된 합리성을 상징적으로 보여주는지에 대해 예리하게 설명한다.

모두가 컨베이어 벨트에서 자신의 일을 수행한다. 총체적인 것은 파악하지 않은 채 부분적인 기능을 수행하면서 말이다. 경기장의 패턴처럼, 조직화organization는... 테일러 시스템Tayler system이 단지 궁극적 결론을 향해 밀어 붙이는, 합리적 원칙에 따라 잉태된다. 공장에서의 손은 틸러 걸들의 다리에 해당한다. ... 대중장식mass ornament은 우세한 경제 시스템이 추구하는 합리성을 심미적으로 반영한 것이다.[24]

벤야민이 보기에, 이들 패턴은 덜컹거리고, 삐걱거리는 기계의 반복적인 움직임이 지배하는 시대에서는 일종의 생존 메커니즘이다. 벤야민은 매우 구체적으로 비교한다. 즉 인간의 움직임을 기계화한 것은 기계의 움직임을 복제한다는 것이다. 행인들이 군중 속에서 겪는 충격 경험shock experience은 노동자가 기계를 통해 '경험하는' 것과 일치한다는 데에 주목한다. 그는 덧붙여, "보들레르는 하나의 과정에 매료되었는데, 그것으로 인해 노동자들 속에서 기계가 촉발시키는 반영 메커니즘reflecting mechanism을 마치 거울을 들여다보는 것처럼, 게으름뱅이들the idler을 통해 면밀히 연구할 수 있다"고 말한다.[25] 그러나 벤야민이 근대적인 삶을 분석하면서 그렇게 말할 수 있는 것은 이 과정을 그가 심리학적으로 설명했기 때문인데, 그 설명은 지그문트 프로이트Sigmund Freud의 작업을 토대로 한 것이다.

살아 있는 유기체living organism에게, 자극에 맞서는 보호는 자극을 수용하는 것보다 훨씬 더 중요한 기능이다. 즉 보호막protective shield은 자체적인 에너지 저장고를 갖추고 있으면서 무엇보다 외부세계에서 작용하는 과도한 에너지의 영향에 맞서 보호막 안에서 작동하는 특수한 형태의 에너지를 보존하는 데 힘써야 한다.[26]

여기서 벤야민은 프루스트Marcel Proust의 비자발적 기억과 프로이트가 「쾌락의 원리를 넘어서Beyond the Pleasure Principle」에서 명료하게 다루었던 '의식' 개념을 명쾌하게 비교하고 있다. 벤야민은 두 개념 간의 대립에 주목한다. 비자발적 기억은 의식 내로 진입하지 않는 사건에 의존하는데, 그로 인해 벤야민은 의식이 외부에너지를 약화시키는 에너지 저장고 역할을 하고, 그 때문에 자극에 맞서는 보호막으로 작동한다는 결론에 이르렀다.

이 에너지들로부터 비롯된 위협은 일종의 충격이다. 의식이 이 충격들을 더 순조롭게 받아들일수록, 아마도 트라우마적인 영향을 덜 받을 것이다. 정신분석 이론은 "자극에 맞선 보호막을 자극이 침투하는 것을 기반으로" 이러한 트라우마적 쇼크의 본질을 이해하기 위해 애쓴다.[27]

프로이트는 "자극들이 가한 효과로 그렇게 떨어져 나간" 피질의 일부를 차지하고 있는 "깨어있는 의식" 내부에 보호막을 위치시키는데, 바로 그 깨어있는 의식이 자극들을 수용하기에 가장 유리한 상황을 제공하는 것이다.[28] 충격을 "받아넘김"으로써, 의식은 충격이 경험의 영역 안으로 들어와 기억으로 남지 못하도록 한다. 그렇게 해서 의식은 일종의 충격 완충기 역할을 하는데, 완충기는 충격을 특별한 한 순간으로 떼어냄으로써 충격에 의한 장기적 피해를 줄인다. 즉 "특별한 인상 속의 충격인자들의 지분이 더 크면 클수록, 의식은 자극에 저항하는 스크린으로서 더욱더 끊임없이 경계태세를 취해야만 한다. 다시 말해 의식이 그처럼 더 효율적으로 작동할수록, 누군가의 삶에서 특정 시간의 영역*Erlebnis*에 남으려는 경향이 있는, 이 인상들이 경험*Erfahrung* 내로 덜 진입하게 된다."[29] 의식을 마치 근대적 존재의 쇼크를 "받아 넘기는" 펜싱선수처럼 묘사하는 것에서, 벤야민은 대도시 군중들과의 접촉contact을 표현하기 위해 보들레르가 사용하였던 이미지를 적용하였다. 즉 "그가 다루고 있는 타격들blows은 그가 군중을 관통하는 하나의 경로를 열기 위해 고안한 것이다."[30]

심미적인 것들the aesthetic이 주는 충격을 다루는데 있어서, 벤야민이 생각한 의식의 역할을 우리가 이해할 수 있다면 이러한 맥락에서다. 근대 대도시의 개인들이 "받아 넘겨야" 하는 것들은 거리의 군중들이라기보다 대도시가 주는 파편적이고 만화경 같은 감각들—네온 불빛, 번쩍이는 조명들, 요란한 경적소리, 취하게 만드는 거리의 불협화음—이다. 이들 감각은 근대 대도시를 마비시키는 효과를 초래하는데, 대도시의 네온 광고는, 크라카우어가 말한 것처럼, "마음속에 스며든다." "오래도록 불그스름한 불빛을 남기며…" "마치 사람들의 생각을 덮어버리는 망토처럼…"[31]

미학과 마취제

벤야민 자신은, 벅 모스Buck-Morss가 주목한 바와 같이, 이러한 상황condition에 대한 분석에서 19세기 파리의 판타스마고리아에 집중한다. 최초의 판타스마고리아는 가구들로 화려하게 치장한 부르주아 주택 내부의 사적인 판타지 세계의 모습을 띠었다. 그 원리는 이후 아케이드의 상품진열장으로, 그리고 그 뒤에 미니어처로 만든 모조환경예술작품simulated total environment에서 관람자들을 사로잡는 파노라마와 디오라마로, 그리고 마침내 "이 같은 판타스마고리아의 원리가 소도시 규모의 면적으로 확대된" 세계 박람회로까지 이어졌다.[32]

일종의 마취상태를 유발하는데 있어서 미학의 잠재력을 보여주는 것이 기술-미학의 감각적 폭격, 즉 판타스마고리아의 원리이다. 시각적 전시를 강조하는 것은 관람자들을 압도하고 도취시킨다. 미적 경험은 마약형태로 작용한다. 그래서 미적경험은 감각들을 마비시키는 것이 아니라 감각들에 폭주함으로써 유기체를 마취시키는 효과를 얻는다. 자극을 받은 감각기관들은 마약과 같은 수준으로 의식을 변화시키지만 화학적 변화보다 감각을 산만하게 함으로써 마취효과를 얻는 것이다.[33]

따라서 심미적인 것에 도취intoxication되는 것은 주체를 마취시키는 것일 수도 있다. 이 모든 것이 지닌 역설은, 벅 모스가 말한 것처럼, "심미적aesthetic"이라는 용어는 겉으로 보기에는 그것과 정반대인 "마취적anaesthetic"이라는 용어와 결합되어 있는 것처럼 보인다는 것이다. '심미적' 이라는 용어는 변질되어 그 원래 의미를 잃어버렸다는 식의 해석이 있을 수도 있다. 고대 그리스 용어인 *아이스테시스aesthesis*는 추상적인 미美 이론이 아니라 감각적 지각sensory perceptions을 나타내는 것이다.[34] 그것은 감각과 감정을 고양시키고 "마취제anaesthetics"와는 정반대 감각을 일깨우는 것과 관련 있다. 여기서 상기시키고자 하는 것은 바로 이 최초의 의미이다. 심미화 과정은 감각적 자극에 대한 지각을 높인다. 이것은 결국 과도한 자극에 맞서는 일종의 보호책으로서 보완적 마취compensatory anaesthetization를 촉발시킨다. 그러므로 마취는 심미화와 연계하여 작동한다. 즉 하나가 다른 하나에 반영되는 것이다. 대마초가 마르세유의 도시에 관한 벤야민의 심미적 인식aesthetic awareness을 끌어올린 것처럼, 이미지들의 폭격bombardment of images도 일종의 마약효과, 다시 말해 부가적인 시각적 자극에 대한 사람의 심미적 감수성을 고조시키는 효과가 있다는 것을 증명하는 것인지도 모른다. 그러나 이처럼 한쪽 영역에 감각들이 폭주하면 다른 영역에서는 자극들을 수용할 수 없게 된다. 감각적 사항들sensory matters—후각, 미각, 촉각, 청각, 외양—에 관한 인간의 의식을 끌어올리는 것은 마치 그밖에 것들을 덮어버리는 담요처럼, 그것에 상응하여 다른 지각을 끌어내려 무관심하도록 만든다. 그 과정은 개인을 둘러싼 자궁과 같은 자체의 감각적 보호막sensory cocoon, 즉 달갑지 않은 모든 것을 걸러냄으로써 지속적인 만족상태를 확보하는 반투막semipermeable membrane을 형성한다. 그런 이유로 심미화하는 것은 마냥 기뻐하며 혼미한 도취상태로 빠져드는 것인데, 이 상태가 약간의 몽롱한 술기운alcoholic haze처럼 바깥세계로부터 개인을 보호하는 역할을 수행한다.

짐멜이 서술한 반응은 대개 비자발적 것인데, 근대 대도시의 상황에 기인한 것이다. 왜냐하면, 신경이 스스로를 방어하려 할 때 둔감한 태도blase attitude를 낳게 하는 것은 근대적 삶이 지닌 만화경적kaleidoscopic이고 파편적인 충격들이기 때문이다. 하지만 벤야민이 서술한 반응은 그러한 조건들에 대응하는 어떤 감수성에 달려있다. 왜냐하면 그러한 견해에 호의적이지 않은 사람들에게 도시는 거슬리고 짜증나는 장소일 수 있기 때문이다. 실제로 벤야민의 해석은 수용적receptive—예컨대 공장의 작업장factory floor에서 보는 것이 아니라 오히려 카페에서 바라보는 시선—이다. 다시 말해 대체로 심미적인 해석이다. 결정적으로, 그때, 심미화aestheticization는 관찰자viewer 측에서 적극적으로 개입하는 것과 심미적 인식aesthetic awareness을 의도적으로 고양하는 것rasing에 달려있다.

이것은 정확히 시각 이미지 분야에 종사하는 사람들 사이에서는 일종의 상식적인 견해다. 좋은 디자인은 명백히 시각적 인식을 강력하게 지각하는 데 달려 있지만 이처럼 이미지에 역점을 두는 것은 약간의 부정적 결과를 초래한다. 그리고 이런 부정적인 결과들이 가장 예민하게 경험될 것만 같은 곳이 바로 아주 직접적으로 사회적인 문제와 연관되어 있는 건축과 같은 분야에서다. 세계를 심미화하는 것aestheticization은 일종의 마비numbness를 초래한다. 마비는 고통이란 관념을 유혹적인 이미지 차원으로 축소시켜버린다. 이러한 심미화 과정이 위험천만한 것은 정치적, 사회적 내용이 포섭되고, 흡수, 거부될 수도 있다는 데에 있다.[35] 그 이미지의 유혹은 사회적 의식이 지닌 근본적인 의미와는 반대로 작용한다. 건축은 잠재적으로 이러한 심미화된 영역에서 타협한다. 건축가들은 덧없는 이미지, 표피 막surface membrane을 물신화하는 심미적인 것에 특히 민감한 것 같다. 세계는 심미화되고 마취화된다. 이미지에 취한 세계에서, 건축 미학은 건축의 *마취제*anaesthetics가 될 우려가 있다.

미학에의 노취

도취와 심미적인 것 간의 연계가 가장 성공적으로 이루어진 영역들 중 하나는 광고이다. 이점이 가장 분명하게 드러내는 것은 광고가 특정한 도취의 미학에 의존한다는 것이다. 왜냐하면 광고는—종종 자동차 광고에서 여성을 착취하듯 이용하는 것처럼—단지 상품을 판매하기 위해 매혹적인 협력관계glamorous associations에만 의존하는 것은 아니기 때문이다. 광고는 오히려 심미적인 것 자체가 지니고 있는 어떤 마약 같은 성질에 기댄다. 정확히 말해 심미적인 것은 시청자를 도취시키고 유인하기 위해 일종의 마약처럼 작동한다.

술과 여타의 마약, 이를테면 담배 따위에 대한 광고만큼 이를 더 명확하게 입증하는 곳은 없다. 이러한 광고형식에서 지속적으로 사용되는 수사법trope은 다른 세계로 거의 하이퍼리얼한 이동hyperreal displacement이다. 예를 들어, 말보로 담배광고는 그런 특정 브랜드의 담배를 피우면 시청자들을 야생 서부의 거칠고 척박한 풍경을 지닌 "말보로 지역Marlboro country" 으로 데려다 줄 것이라 설득하려고 애쓴다. 마찬가지로 서든 캄포트 버번Sourthern Comfort bourbon위스키는 예외 없이 이국적이고 신비한 미국 최남단 세계를 그려낼 것이다. 이 광고가 제안하고 있는 것은, 이 위스키를 마시면 뉴올리언스New Orleans라는 도취의 세계로 데려다 줄지도 모른다는 것이다. 술은 예외 없이 마치 그것이 신체로부터 정신이 이탈하는 모종의 황홀한 현실도피를 제공하는 것처럼 묘사한다. 그리고 그것은 엄밀히 말해 이런 인상을 키우는 광고 이미지의 마약적 특성narcotic quality이다.

이러한 관점에서 가장 성공적인 광고들 중 하나는 그레이 광고Gray Advertising가 최근에 제작한 바카디 럼Bacardi rum 광고이다. 상업 광고는 "월요일 밤의 펙함Peckham on a Monday night", "중심가의 도그 앤 덕The Dog 'n' Duck down the High Street", "베릴 이모Aunty Beryl", "집으로 가는 막차 타기Catching the last bus home" 와 같은 문구와 더불어 그 위로 외견상 따분해 보이는 선술집pub의 밤을 묘사하는 런던 토박이 억양의 목소리로 시작한다. 이 겹쳐진 목소리voice-over는 영국 일상생활의 지극히 친숙한 일단의 이미지들을 환기시키기 위한 의도를 지니고 있다. 그러나 주목할 만한 것은 함께 등장하는 시각 이미지들과 더불어 이루고 있는 대조contrast이다. 이들은 무인도desert island의 멋진 장면들을 그려내고 있다. 그 시각 이미지들은 지극히 평범한 런던의 일상과 극명한 대조를 이루지만, 놀랍게도, 그것들은 치밀하게precisely 연결되어 있다.

"월요일 밤의 펙함" 에 겹쳐지는 목소리는, 많은 사람들에게 노동이 시작되는 월요일의 차량들로 붐비는 런던 도심의 암울한 현실을 떠올리게 할 것 같은데, 야자수와 하늘색 바다의 물결이 찰랑거리는 태양 빛이 내리쬐는 해안의 이미지와 짝을 이루고 있다. "중심가의 도그 앤 덕" 은, 또다시 번잡한 큰 길의 너무나도 답답한 담배 연기로 가득 찬 어느 선술집을 상기시킬 것 같은데, 해변의 어느 술집과 연결된다. 그곳에서는 형형색색의 수영복 차림을 한 구리 빛으로 그을린 사람들이 바다로부터 불어오는 산들바람으로 시원해진 칵테일을 홀짝거리고 있다. "베릴 이모"는, 사람들

3.2 바카디 상업광고, "월요일 밤의 펙함" 그레이 광고

에게 친숙하면서도 약간 나이든 여자 바텐더—틀림없이 풍만한 몸매를 소유한—를 연상시킬 법한데, 짙고 신비한 눈을 가진 어느 아름답고 이국적인 젊은 숙녀로 바뀐다. 여기에 광고의 의도적인 역실이 존재한다. 젊은 여성은 엄밀히 말해 "베릴 이모"가 아니기 때문에 "베릴"로 묘사된다. 한편 2층 버스를 타고 경유가스의 매연으로 가득 찬 런던 도로를 지나가는 꽤 평범한 여정을 불러일으킬 수도 있는, "집으로 가는 막차 타기"는 선착장으로 달려 내려가 쾌속정으로 뛰어드는 가벼운 린넨 정장 차림의 한 무리 청년들로 바뀌었다. 런던 토박이 억양의 해설과 이국적인 해변 이미지들 간의 대비는 더할 나위 없이 좋았다.

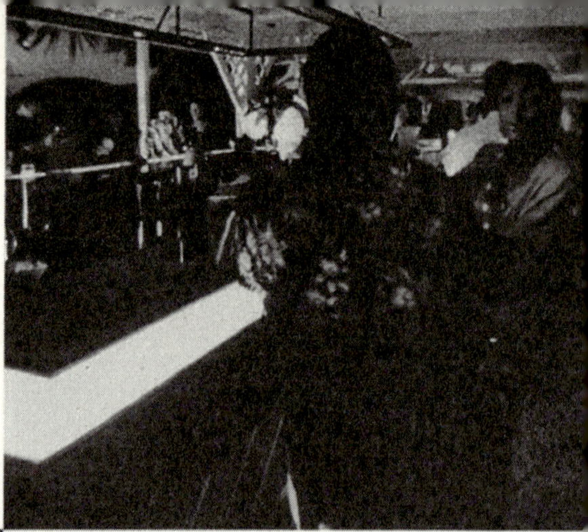

3.3 바카디 상업광고, "중심가의 도그 앤 덕" 그레이 광고

3.4 바카디 상업광고, "베릴 이모" 그레이 광고

3.5 바카디 상업광고, "집으로 가는 막차타기" 그레이 광고

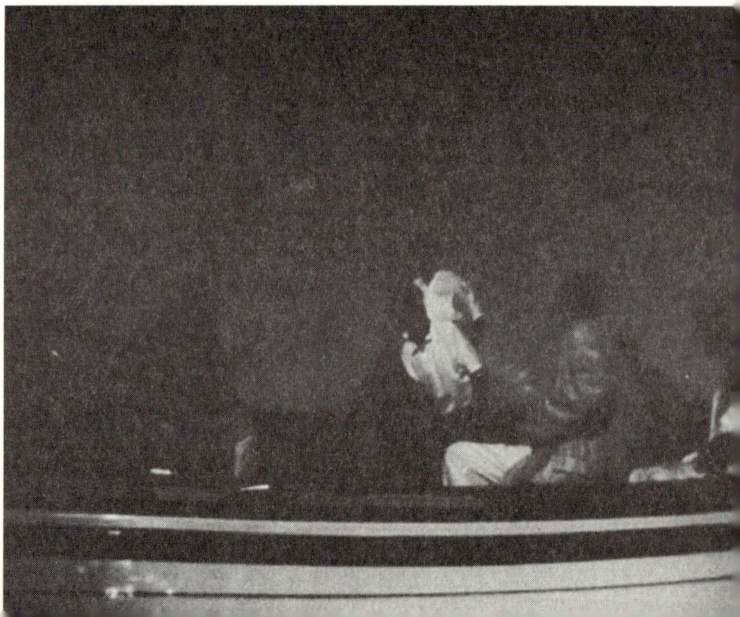

49
도취의 미학

여기가 이러한 상업 광고가 지닌 미묘함이 가장 명료해 지는 곳이다. 왜냐하면 상업광고는 현실과 상상 간의 대비를 드러내기exposing와 조작하기playing를 통해서 그 힘을 얻기 때문이다. 해설자의 음성과 이미지들 간의 대비가 암시하는 황홀한 공간 이동은 바카디 럼Bacardi rum을 그대로 반복—그렇게 해서 시청자들이 믿도록 한다—하는 식이다. 상업광고는 음주 그 자체에 속한 어떤 마약적 특성을 이용한다. 광고는 마치 그 술을 마시면 동네의 선술집이라는 우울한 현실로부터 빠져나와 어느 무인도의 이국적인 유토피아로 당신을 데려다 줄 것처럼 바카디를 묘사하고 있다. 하지만 상업광고는 시청자들에게 현실세계를 끊임없이 상기시키기에 더욱 효과적이다. 어떤 의미에서는 그때, 시청자는 현실이라는 실제 공간에 남아 있지만—마치 약간은 마약에 취한 것 같은 기분으로—정서적으로는 그 공간을 벗어나 저 너머 파라다이스의 세계로 이동되는 것이다. 음주행위의 마약적 특성이 일상생활의 단조로운 세계를 벗어나게 해줄 것이다.

또한 이 특별한 상업광고를 현재의 논의에 유의미하도록 하는 것은 티 피 베넷 어소시에이츠T P Bennett Associates라는 건축사무소가 이용했던 방식으로, 그들은 그 방식을 자신들의 신입사원 채용광고에 적용하면서, 상업광고의 중심테마를 드러내놓고 이용하였다. 바카디의 광고가 다른 목적에 맞추어 교묘하게 재배치되었다. 두 번째 광고는 음성해설의 슬로건을 광고문구의 일부로 받아들이지만 이국적인 유토피아의 이미지를 건축사무소라는 디자이너 세계의 이미지들로 대체한다. 여기에서 중요한 것은 이 두 번째 광고는 바카디 광고가 이용했던 유토피아적 도피에 기댈 필요가 없다는 것이다. "월요일 밤의 펙함"은 그 반대편—낙원 같은 어느 외딴 목가적인 무인도—으로 데려가기는커녕 여전히 런던이란 공간에 있고 실제로 가장 번잡한 도시의 일부를 대변한다. 펙함 그 자체는 더 넓은 런던이라는 광대한 광역 도시권에 갇혀있는 하나의 교외지역인 반면, 광고는 런던 중심가의 이미지를 보여주는데, 그곳의 교통은 더욱 번잡하고 감각적 폭격sensory bombardment은 훨씬 더 맹렬하다. 도시의 파편적이고 만화경 같은 충격들impulses에 대한 짐멜의 진술은 둔감한 인간으로 묘사되는 근대 대도시 개인들의 신경 말단을 예민하게 만든다는 것을 생각나게 한다. 근대적 세계modern world의 바로 그 "충격shcok"은 여기에서 일종의 마취되어 마약 상태narcotic condition로 유도하기 위해 의도적으로 이용되고 있다.

3.6 신규채용광고, T P 베넷 어소시에이츠

3.7 신규채용광고, "월요일 밤의 펙함" T P 베넷 어소시에이츠

3.8 신규채용광고, "중심가의 도그 앤 덕" T P 베넷 어소시에이츠

3.9 신규채용광고, "이웃 다락방의 변신" T P 베넷 어소시에이츠

3.10 신규채용광고, “베릴 이모” T P 베넷 어소시에이츠

이처럼 심미화 된 도시 이미지는 다른 것들로 인해 강화된다. "중심가의 도그 앤 덕The Dog 'n' Duck down the High Street" 그리고 "이웃 다락방의 변신Next door's loft conversion" 처럼 일상생활을 상징하는 것들은 하이테크 빌딩이라는 유혹적인 이미지를 표현한다. 그것이 암시하는 것은 "중심가의 도그 앤 덕"의 하이테크 바bar가 바카디 광고에 등장하는 야자수 해안의 바와 같은 것이다. 다시 말해 그 둘의 *효과effects*는 유사하다. "베릴 이모"는 여전히 이국적이고 아름다운 숙녀로 남았지만, 그녀는 무인도에서 안내 데스크의 뒤쪽으로 옮겨졌다. 야자수 해변은 우아한 접견 공간reception area에 대한 방향을 제시하고 있다. 이처럼 '이미지를 의식하는 사무실' 이란 기풍氣風 ethos을 명확히 드러낸다. "베릴 이모"는 유혹적인 이미지들을 제공하는 건축가들로 구성된 혈기왕성한 역동적인 건축가의 사무소에 어울리는 참신하고도 매력적인 아이콘이다. 건축 설계사무소에서 안내 데스크는 사무실의 전반적인 기풍을 좌우하는 이미지를 예찬하는 분위기를 조성한다. 화려한 안내책자, 꽃병, 미소 짓는 아리따운 창구직원, 각자 자신의 역할을 다하는 철저히 계산된 무대장치, 여기에서 찬양되는celebrated 것은 바로 이미지다.[36] 디자이너의 사무실이라는 매력이 넘치는 세계는 무인도의 낙원이라는 이국적인 세계와 동일한 수준으로 다루어진다.

우리는 이러한 유사점들parallels을 어떻게 활용하게 되는가? 바카디 광고는, 한편으로, 현실세계와 꿈의 세계 간의 대비를 이용한다. 그 메시지는 꽤 명료하다. 다시 말해 바카디의 마약적 효과는 일상생활의 지루함으로부터 일종의 황홀한 도피처를 제공할 것이라는 점이다. 다른 한편 건축가의 신입사원 채용 광고는 다른 대비를 활용한다. 예를 들어 "중심가의 도그 앤 덕"의 지루한 이미지는 꿈의 세계로부터 나온 이국적 해변의 바와 대비되는 것이 아니라, 지극히 현실적인 디자이너 바의 세련된 하이테크 인테리어와 대비된다. 여기에는 부차적으로 작동하는 메카니즘이 존재한다. 고도로 심미화 된 디자이너 인테리어의 세계는, 함축적으로, 바카디의 도취 세계와 비견할 수comparable 있을 뿐만 아니라 정확히 유사 효과를 낸다. 광고는 심미적인 것이 지닌 마취효과를 강조한다. 바로 감각적 자극의 폭격bombardment of sensory stimulation이, 벤야민이 말한 바와 같이, 의식을 외부 세계에 대한 완충장치buffer형태로서 작동하도록 만들고 감각이 둔화된desensitized 둔감함blase outlook을 낳게 하는, 개인 안의 방어 메커니즘defensive mechanism을 형성하는 것과 마찬가지로, 그렇게 디자인 세계의 고양된 심미적 환경은 자신의 감각적 보호막sensory cocoon을 창조한다.

여기에서 작동하고 있는 것은 가장 강력한 형태의 심미화이다. 하나의 암시적 유사점parallel이 바카디 효과와 건축사무소의 심미적 환경에서 작동하고 있는 도취 효과 사이에서 도출된다. 그것은 마치 심미적 순간의 마취효과—벤야민이 말한 마비numbing—가 알콜의 마약효과를 되풀이 하는 것과 같다. 바로 바카디가 술을 마시는 사람들을 "월요일 밤의 폐함"의 우울한 현실 대신 가상의 영역imaginary realm으로 이동시킨다고 주장하는 것처럼, 마찬가지로 두 번째 광고—설계사무소 광고—는 시내 중심가의 공간에 머물러 있으면서 현실을 심미화한 버전version으로 시청자들을 이동시키려한다. 건축사무실의 심미적 환경은 술을 마시는 것에 비견할 수 있을 만큼 황홀한 경험을 제공할 것이다. 심미화는 바카디와 유사한 효과를 지닌다.

4
패션쇼 무대의 건축
THE ARCHITECTURE OF THE CATWALK

만일 심미화가 일종의 마취상태로 유도하는 것이라면, 그 효과는 이미 심각하게 심미화가 진행된 문화에서 특히 확연할 것이다. 이미지가 넘쳐나는 사회는 사회적 정치적 감수성이 필연적으로 축소되는 것을 경험할 것이다. 왜냐하면 이미지에 대한 도취는 비판적 인식의 저하를 초래하기 때문이다. 그 때문에 이미지의 포화상태는 이미지에 대한 무비판적 수용을 촉진시킬 것이다. 포화상태saturation, 도취intoxication, 충족감complacency, 이 과정은 그 자체에서 반복될 것인데, 충족감이 더 나아간 포화상태를 허용하기 때문이다. 심미적인 것에 대한 도취는 도취의 미학을 창조한다. 블루라군Blue Lagoon, 테킬라 선라이즈Tequila Sunrise, 블랙 레이디Black Lady. 그것은 일종의 칵테일 문화, 다시 말해 비판적 인식에 대한 감각을 지속적으로 떨어뜨리면서, 이미지라는 마약narcotics of image에 중독된 집착addictive obsession이다. 마취를 유발하는 심미화는 현기증 나는 소용돌이 속에서 더 많은 심미화를 초래하는데, 심미화가 명백하게 유예되는 것은 오로지 그 자신의 도취로 인해 시스템이 완전히 무너지는 상태에 놓일 때뿐이다. 후기 자본주의 사회를 특징짓는 것은 이미지에 대한 이러한 중독이다.

프랑스 예술가이자 비평가인 기 드보르Guy Debord는 가장 먼저 이러한 이미지에 대한 집착이 부상하고 있음을 인식하고 규명한 사람들 중의 한명이다. 드보르는 1960년대까지 이미지가 어떻게 현실을 대체했는지 주목했다. 보드리야르는 우리가 이제 완전히 시뮬라시옹의 문화로 진입했음을 지켜보면서, 이 이론을 우리 시대에 맞게 확장시키려했던 반면, 드보르는 이러한 과정의 초기 발달과정을 놀랄 만큼 명료하게 포착해 내었다. 그의 1967년 저서 *La société du spectacle*은, 이후에 『스펙터클의 사회The Society of The Spectacle』로 영문으로 번역되었다, 1957년에 설립된 예술가와 지식인들로 구성된 엉성한loose-knit 혁명단체인 국제 상황주의Situationist International [1]의 이론적 강령이 된다.[1] 그는 이 저서에서, 후기자본주의를 강력하고도 예지력 있게 비판한다. 후기자본주의에서는 모든 것이 즉각적으로 이미지와 상품으로 흡수된다. 미디어 사회가 충분히 발달하고, 광고와 소비문화의 감언이설이 굳건히 자리 잡기 훨씬 이전에, 드보르는 완전히 이미지에 사로잡힌 사회의 징후를 알아차렸다. 실제로 오늘날의 삶에서 이미지의 역할이 너무나 지배적인 나머지 사회 그 자체는 일종의 스펙터클이 되었다.

『스펙터클의 사회』에서 기 드보르는 자본주의 프레임이 피상적이고 상품화된 이미지로 사회를 묘사하는 방식에 대해 언급한다. "생산에 대한 현대적 조건들이 우세한 그러한 사회의 전 생애whole life는 스펙터클들이 모인 하나의 어마어마한 축적accumulation으로서 그 자체를 묘사한다. 한때는 직접적이고 생생했던 모든 것들이 한낱 재현representation에 불과한 것이 되었다."[2] 드보르는 여기서 분명 노동자들이 생산수단으로부터 소외된다는 것을 알아차렸던 칼 맑스의 저작에 빚을 지고 있고, 자본주의 하에서 벌어지는 상품 숭배를 분석하면서 비슷한 논지를 정교하게 다듬었던 베야민에게도 똑같이 빚지고 있다. 그러나 맑스와 벤야민에게 이와 같은 소외는 노동자들이 자신들이 만든 상품으로부터 소외되는 것이었던 반면, 드보르에게 있어서 오늘날의 소외는 사람들이 그들 자신으로부터 소외되는 것이다. 스펙터클의 사회에서, 이미지의 축적, 스펙터클의 축적에 가려 현실reality은 너무나 모호해진 까닭에 더 이상 현실을 직접적으로 경험하는 것은 불가능하다. 후기 자본주의Late capitalism는 진정한 존재론적 경험을 구성하는 모든 감각을 잃어버린 소외된 개인들로 이루어진 사회를 낳았다.

새디 플랜트Sadie Plant가 말한 바와 같이, 이러한 상황은 심각한 결과를 야기한다.

> 상황주의자들situationists은 … 계급사회와 자본주의 생산의 기본을 이루는 소외가 사회적 삶, 지식과 문화의 전 영역에 침투했으며, 그 결과 사람들은 자신들이 생산하고 소비하는 상품들로부터 소외될 뿐만 아니라 자신들의 경험, 감정, 창조성, 욕망으로부터도 소외된다고 주장한다. 사

람들은 그들 자신의 삶에 대한 방관자spectator이며, 심지어 가장 개인적인 제스처마저도 한 단계 걸쳐 경험한다.[3]

이러한 상황이 발생하게 된 것은 엄밀히 말해 풍족한 사회, 다시 말해 소비 상품이 넘쳐나는 풍요로운 사회라는 맥락에서다. 왜냐하면 상품product은 유용할 뿐만 아니라 필수적이라는 것을 소비자들에게 확신시키는 것이 현대 마케팅의 바로 그 본질이기 때문이다. 소비에 대한 이러한 신화myth는 스펙터클의 사회에서 소외를 부채질한다. 예를 들어 "현대 사회가 하나의 스펙터클이라면, 현대의 개인들은 방관자들spectators이다, 다시 말해 이미지들images, 기호들signs, 그리고 상품들commodities을 조정mediation하는 데에 몰두한 채로, 그들 자신의 삶을 멋지게 재현하는 데 현혹되어 있는 관찰자들observers 말이다."[4]

이러한 코닥 카메라, 《파리마치Paris-Match [2]》의 세계에서, 사람들은 마치 자신들이 셀룰로이드 상에 포착되거나 멋진 잡지의 반질거리는 지면들에 등장하고 있는 것처럼 스스로를 인식할 뿐이다. 그것은 미디어가 선전하는 겉모습의 세계, 당신에게 당신의 이미지를 판매하는 광고가 상품화된 세계다. "당신도 이렇게 보일 수 있어요." 그것은 아름다운 응접실, 패션무대, 염색 머리, 가짜 속눈썹의 세계, 현실을 재현하고 기호를 지시하는 겉치레의 세계이다. 그것은 무엇보다 광고판advertising billboard의 세계이다. 왜냐하면 광고판은 상품화된 이미지의 힘을 가장 분명하게 표현하기 때문이다. 광고판은 그저 상품만을 판매하는 것이 아니라 라이프스타일을 판매한다. 이 같은 상황은 개인을 무기력한 존재로 만들어 버릴 위험이 있는데, 허용될 수도 있는 무언가를 시장market이 좌지우지하게 되어버리기 때문이다. 게다가, 그곳에서의 그러한 "경험들"은 본질적으로 오직 간접적으로만 존재할 수 있을 뿐이다. 사람들은 사전에 결정된 모형predetermined model만을 따르고 지지해야만 한다. 다시 말해 생생한 세계의 건설에 적극적으로 참여할 가능성은 거의 지워져 버렸다.

그러나 상황주의자Situationists들의 관점이 전적으로 비관적인 것은 아니었는데, 왜냐하면 그들은 스펙터클 사회 내부에 존재하는 저항을 인식했기 때문이다. 새디 플랜트가 밝힌 것처럼, "생산하고, 소비하면서도 스펙터클에 의해 그 자체가 생산되고 소비되는 주체subjectivity 또한 스펙터클을 약탈하느라 이미 분주하다. 주체는 스펙터클이 표면상 의도하는 대로, 수동적으로 소비하고 고분고분하게 생산하지 않는다. 즉 주체는 시장에서 방해공작을 벌이기도 하고, 훔치기도 하며, 장난을 치기도 하며, 생산라인에서 졸기도 한다."[5] 상황주의자들은 "스펙터클"과 교전하기 위한 수단으로 이러한 경향을 통해 알게 된 다양한 전략들을 고안해 내었다. 그들의 비평은 세계의 심미화를 조준하는 한편, 저항을 위한 전략은 동일하게 그 상황으로부터 빌려 왔다. *전용*轉用 *détournement*과 같은 전략을 통해 예술작품, 연재만화, 광고물들을 표절하고 전용하였는데, *전용*은 그것들이 지닌 관점을 전복시킴으로써 그 관점들을 효과적으로 재배치하는 것이었다. 그와 같은 전략들은, 스펙터클 사회에 가장 효과적으로 투쟁하는 방식은 문제를 더 잘 인식할 수 있도록 스펙터클 그 자체에 내재된 논리를 이용하면서, 내부로부터 그 사회를 갉아먹는 것이라는 개념을 전제로 한다. 라울 바네겜Raoul Vaneigem은 그 임무를 다음과 같이 정의하였다. "도처에서 목격할 수 있듯, 권력과 그 권력의 스펙터클에 맞서 형성하는 자발적 행위들은 그 과정에 놓인 모든 장애물들에 주의해야 하며 적이 소유하고 있는 힘과 회복수단을 참작하여 전략을 찾아내어야만 한다. 우리가 대중들에게 알리고자하는 전략은 바로 *전용*이다."[6]

상황주의자들과 그들과 관련된 압력단체들pressure groups에게 있어서, 건축은 현대사회contemporary society를 비판하는데 중요한 부분을 형성하였다. 그들은 많은 근대주의 건축이 지닌 추상적 합리성에 대단히 비판적이었고, 국제 상황주의Situationist International를 형성하였던 가닥들 중 하나는 〈이미지주의 바우하우스 국제운동International Movemet for an imaginist Bauhaus〉[3]이었는데, 이 운동은 심미적 표현을 대신하는 대안적 비전을 제공하였다. 상황주의 사유의 핵심 주제는 전체적으로 도시를 예술적 잠재력과 기술적 자원의 조합으로 인식하는, "통합적 도시계획unitary urbanism"의 핵심 주제가 되었다. 도시는 게다가 일상생활을 조건 지웠다. 많은 예술가들과 "혁명가들"이 건조환경에 충분히 개입하는 데에 실패했지만, 상황주의자들은 건조환경을 생생한 경험을 가능하게 하는데 있어서 중요한 요인으로 보았다. 그들은 "감정, 욕구, 경험"이 어떤 공간을 차지하는 건축, 그리고 건축을 창조하는 색채, 소리, 텍스쳐, 조명의 배열에 따라 다르다는 점을 인식하였다.[7] 따라서 그들은 상상력에 불을 지피고 더 풍부한 존재론적 경험-구체적이며 의도적인 삶의 생생한 순간들-을 가능하게 하는 건축에 주의를 기울였다. 이반 치체글로프Ivan Chtcheglov는 도시를 위한 새로운 비전이 만들어지는 과정을 기록했다. 그는 자신의 "새로운 도시계획 처방집Formulary for a New Urbanism" 에서 현존하는 것들the present의 진부한 형태를 초월하는 역동적이면서도 책임감 있는 건축에 대해 기술하고 있다.[8] 치체글로프는 "어떤 약물보다 더 꿈으로 잘 인도하는 방, 그리고 사람들이 사랑할 수밖에 없는 집"을 요구한다. 그는 별난 구역Bizarre Quarter, 행복한 구역Happy Quarter, 고귀하고 비극적인 구역Norble and Tragic Quarter, 음험한 구역Sinister Quarter 등과 같은 지역들districts을 갖춘 도시를 상상한다.[9]

상황주의자들은 건축계로부터 동조하는 다양한 목소리를 이끌어 내었다. 그들 중 두드러진 인물은 네덜란드 건축가 콘스탄트Constant Nieuwenhuys였는데, 그의 뉴 바빌론 프로젝트New Babylon projects는 상황주의 운동을 완전히 수용하지 못했음에도 불구하고, 상황주의자들이 지녔던 이상理想을 건축 형태로 옮기려 했던 가장 포괄적인 시도로 남아있다.[10] 이 같은 프로젝트를 통해 콘스탄트는 "방향감 상실disorientation", "역동적 공간dynamic space"과 같은 주제들을 추구하였다. 그는 실용주의 사회의 정적 공간들이 지닌 한계를 피하려고 애쓰면서, "역동적 미로dynamic labyrinth"라는 개념을 홍보하는데, 행동의 자유는 미로와 같은 공간labyrinthine space을 필요로 한다는 것을 수용하면서도 그 공간은 "유희적ludic" 상상력에 따라 주체가 지속적으로 조정할 수 있도록 공간을 허용한다는 개념이었다. 이들 아이디어에 대한 반향은 이후 베르나르 츄미Bernard Tschumi 등의 사건으로서의 건축event-architecture으로 나타났다.[11]

도시는 심리지리학psycho-geography에서 탐구에 적합한 주요 현장이 되었으며 탐구는 도시에서의 새로운 거주방식을 설정하는 데에 목적을 두었다. 이러한 맥락에서 중심개념은 *데리브the derive*, 즉 표류하기였는데, 도시를 일종의 존재론적 경험으로 재전용하는 기법이었다. 아마도 일반적으로는 상황주의자들보다 오토마티즘automatism [4] 내에서의 초현실주의자들의 실험—도시가 주는 쾌락에 사로잡히기—으로부터 더 많은 영향을 받은 것으로 알려져 있는 표류하기는 "한 사람 혹은 여러 사람들이 일정기간 동안 평소 자신들이 움직이고 행동하는 동기, 자신들의 관계, 자신들의 업무와 여과생활을 내려놓고 매력적인 지역과 그곳에서 자신들이 우연히 마주쳐 발견한 것들이 이끄는 대로 스스로를 내버려 두는" 일종의 도시를 탐험하는 실천방식이었다.[12] 그러나 초현실주의자들과 달리, 상황주의자들은 단순히 무의식적 욕망에 빠지도록 스스로를 내버려 두지 않았다. 표류는 무계획적인 것—그리고 실제로 상황주의자들은 한 공간에서 다른 공간으로 가는 길을 찾기 위해, "계획"을 약화시키는 하나의 방식으로, 지도 활용하기와 같은 전략을 쓰곤 하였다—이었지만 그 목적은 내내 도시에서 자본주의 재산관계capitalist property relations가 지닌 헤게모니에 *의식적*

으로*consciously* 도전하는 것이었다. 그들은 표류를 통해 도시를 부동산으로 이루어진 격자a grid of real estate로 생각하는 지배적 인식에 이의를 제기하고 생생한 경험의 현장으로서 도시의 잠재력을 탐색하려 하였다.

상황주의 관점의 핵심은 "상황"이라는 개념, 즉 "스펙터클"의 제약에 구속되지 않는 생생하게 경험되는 일종의 적극적인 공간적-시간적 사건이었다. 따라서 "상황"은 스펙터클의 사회 속에 함축된 물화物化된 존재reified existence에 저항하기 위한 하나의 방식이었다. 이 경우, "상황situation"은 앙리 르페브르가 대변하는 "순간moment"과 어떤 점을 공유하는데, 일상의 존재가 지닌 가능성들을 총체적으로 드러내며 하나의 파열 지점으로서 나타나는 찰나의 강렬한 희열감이 그것이다. 하지만 르페브르의 "순간"은 다소 수동적이고 시간적인 것으로 남겨진 반면에, "상황"은 적극적이고 공간-시간적 개입이 하나의 형태를 구성한다. 그리고 파리에서의 1968년 5월의 봉기the uprising of May 1968와 같은 궁극적 "상황"의 현장을 형성했던 것은 도시였다. 한편 이 대단한 일련의 사건들에 끼친 지대한 영향을 상황주의자들에게 돌리는 것을 경계하는 것이 마땅하겠지만, 의식을 일깨우고 저항 정신—특히 상황주의자들을 통해 영감을 얻은 앙라제enrages운동—을 고취한 그들의 공로가 저평가되어서는 안 된다. 시위는 학생들이 파리의 카르티에라탱Latin Quarter, 라틴區 도로에 방어벽을 설치하면서 시작되었다. 봉기는 지지자들을 끌어 들였고 조약돌과 화염병을 던지며 경찰차량을 파괴할 정도로 악화되었다. 그것은 곧 프랑스 전역에 걸쳐 공장과 노동현장에서의 불법 파업으로 확산되었고, 국가 전체를 마비시키며 사실상 드골 정부를 붕괴시킨 총파업으로 막을 내렸다. 일상생활에서의 혁명을 요청하는 68년 5월의 자발적인 민중봉기는, 현대사회의 조건들이 안고 있는 깊은 불안을 드러내면서, 모두에게 가장 큰 "상황"이라는 것을 입증하였다. 1968년 봄 그렇게 해서 문득 깨달았던 것은 다름 아닌 '스펙터클의 사회'의 암흑 속에 잠자고 있었던 것이었는데, 그 사회의 스펙터클은 오직 영원하면서도 긍정적인 면만을 보여 주었다는 것이다.[13]

스펙터클의 건축

상황주의 작업의 위력과 논쟁적 성격을 비교해 볼 때, 그 시기의 다른 미학적 입장들gestures은, 자본주의적 가치라는 무비판적 영역에 갇혀, 다소 절충적인 모습을 보인

4.1 라스베가스, 케이스 콜리 Keith Collie

다. 그 당시 건축계 내부에서 촉진된 이른바 몇몇 "급진적인" 이론들만큼이나 이를 더 명확히 드러내는 곳도 없다.

건축에서 로버트 벤투리Robert Venturi가 『건축의 복합성과 대립성Complexity and Contradiction』을 출판한 직후 그해 드보르Guy Debord가 자신의 책을 출판해야 했던 것은 어찌 보면 아이러니한 일이다. 드보르는 상품화된 이미지로 이루어진 피상적 세계에 격분하지만, 벤투리는 그 세계를 수용하고 실제로 찬사를 보내기까지 한다. 드보르가 상품화된 이미지의 세계를 사회에서 현대적 소외의 원천으로 파악한 반면, 벤투리는 그것을 건축을 위한 영감의 원천으로 파악한다. 『복합성과 대립성』에서, 벤투리는 샬러츠빌Charlottesville에 위치한 버지니아 대학교의 토마스 제퍼슨 건물들 중 하나와 "메인 스트리트Main Street"의 이미지를 대비시킨다. 피터 브레이크Peter Blake는 『신의 고물상God's Own Junkyard』라는 자신의 저서에서 메인 스트리트의 혼돈을 비판하며 제퍼슨 건물군의 질서와 대비시켰다. 벤투리는 이 주장에 이의를 제기한다. 형태적 구성이란 측면에서, 메인 스트리트는 "거의 모든 것이 괜찮다."[14]그럼에도 벤츄리는 내용에 관한 쟁점들을 무시한다. 그는 자신이 소비사회 예찬을 부추기고 있다는 사실을 의식하지 못한 듯하다. 그가 예찬하는 광고판들은 본질적으로 상업적인—따라서 소비주의적인—관심사의 지시에 따른 것이었다. 옥외 광고판, 광고 게시판, 네온사인 같은 것들은—드보르 등이 공격했던 바로 그 스펙터클 사회의 상징들이다—벤투리에게는 건축이 따라야 할 모델이 된다.

우리는 그가 외견상 소비사회를 무비판적으로 찬양하는 것을 일종의 일탈, 유별난 건축적 관점이라 봐줄 수도 있었을 것이다. 만일 벤투리가 수 년 뒤 데니스 스캇 브라운Denise Scott Brown과 스티브 이즈너Steven Izenour와의 공동저서에서, 상점가를 보여주는 단 한 개의 그림이 아니라 책 전체에 쏟아 부었다는 사실만 아니었다면 말이다. 『라스베가스의 교훈Learning from Las Vegas』에서 공동저자들은 네바다 사막에 위치한 세계에서 가장 유명한 도박 타운의 광고판을 예찬하고 있다. 물론 그들은 민첩하게 자신들이 라스베가스의 상업 활동에 개입하고 있지 않다는 점을 언급하였다. "라스베가스의 가치는 여기에서 의문의 여지가 없다. ... 상업 광고, 도박 이익과 경쟁 본능은 여기서 논쟁거리가 아니다. ... 이 책은 내용이 아니라 방법에 관한 연구서이다." —마치 내용과 유리遊離된 형태는 문제가 없다는 것처럼. 그들이 비록 사회적 내용을 다루는 일이 건축가의 "더 광범위한 통합적 업무"의 일부여야 한다는 점을 믿는다 하더라도, 그들은 자신들의 작업을 형태만을 "따로 떼어놓고 보는" 추상적 연구로 여긴다. 여타 다른 관심사들 모두가 "디자인으로 재통합되기만" 한다면, 그들 입장에서 그 연구는 "꽤 괜찮은 과학적 인문학적 활동"인 셈이다.[15] 그렇지만 그 책의 실질적 문제들이 드러나는 것은 그들이 형태를 추상적으로 다루는 것에, 그리고 라스베가스가 지닌 맥락에 개입하는 것을 거부하는 데에 있다. 그들은 라스베가스의 형태들을 탈-맥락화하는 중에, 앞으로 보게 되듯이, 자신들이 실현한 작품built work에 출몰하게 되는 하나의 패턴을 설정하면서, 그 형태들이 지닌 의미론적 차원을 떼어 낸다desemanticize. 왜냐하면 누군가 일단 "형태를 위한 형태form for form's sake"에 관한 논쟁을 시작하면, 그곳에서는 형태는 다른 관심사들로부터 추출되어, 이들 관심사를 최종 디자인의 형태 속으로 "재통합resynthesize"하는 것은 쉽지 않기 때문이다.

4.2 "탄야로 그을린 하와이인Tan Hawaiian with Tanya" 벤투리, 스캇 브라운, 이즈너, *라스베가스의 교훈*, 12쪽

벤투리, 스캇 브라운, 이즈너가 라스베가스의 핵심에 있는 사회 · 정치적 문제들을 그토록 의식하지도 못한 채, 문제들을 마취시키고, 그들이 광고판을 찬양함으로써 전형적인 본보기가 된 접근방식을 채택하도록 한 것은 이러한 심미화의 원칙이다. 『라스베가스의 교훈』에서 그들은 광고의 건축architecture of advertising을 홍보한다. 다시 말해 광고판은 책을 통해서 옹호하는 최고의 아이콘icon이 된다. 그들은 책의 전면의 겉표지에 "탄야로 그을린 하와이 인Tan Hawaiian with Tanya"라는 눈에 띄는 로고가 새겨진 도로변 광고판을 특별히 포함시킨다. 그렇다면, 이 이미지에서 우리는 무엇을 읽을 수 있는가? 저자들이 그와 같은 영광스러운 자리를 내어주는 이미지에서

말이다. 단도직입적으로 말해, 그것은 이미지의 문화, 즉 스펙터클의 사회를 지지한다는 것이다. 그곳에서는 개개인들이 자신들의 진정한 자아로부터 소외되고 자신들의 삶을 멋지게 재현하라는 유혹을 받는다. 그것은 패셔너블하고 멋지게 보이는 바비 인형의 세계, 미용실beauty parlor의 문화다. 선탠을 한 60년대 미국 최고의 아이콘, 탄야Tanya는 광고판을 통해 당신들에게 판매된다. "이 제품을 구입하시오. 그러면 당신도 탄야처럼 보일 것이오." 그렇지만 이러한 메시지를 넘어, 그 이미지는 광고 자체에서 의미가 제거되는 것을 보여준다. 이미지를 물신화하는 것은 이미지를 무비판적으로 수용하도록 만든다. 그것은 중요한 정치적 · 사회적 문제들을 다루지 않는 심미화된 영역에서 작동한다. 벤투리, 스캇 브라운, 이즈너가 광고 게시판을 찬양하는 온전한 의미가 드러나기 시작한다. 선탠을 한 비키니 차림의 몸매는 뻔뻔하게도 여성성을 착취하는 포스터에서 선탠로션을 홍보하는데 이용된다.

광고가 여성을 착취한다는 것은 너무나 명백해서 언급할 필요조차 없다. 자본주의는 상품을 우상화하는 사회를 낳았다. 이러한 상품 문화는 상품숭배를 초래하였는데, 왜냐하면 제품들은 성적 매력이라는 아우라를 띠고 있기 때문이다. 그러나 상품이 단지 성적인 특성을 띠게 된 것만은 아니다. 성sex 역시 상품화되었고, 광고영역만큼이나 이러한 현상이 두드러진 곳은 없다. 남성들 역시 분명 광고에 끌어들이긴 하지만, 특히 위험에 처한 것은 여성들이다. 후기 자본주의 문화에서, 가부장제가 지배적인 현 상황에서, 상품화 권력이 여성들을 착취할 가능성이 더 많고, 이러한 착취가 가장 노골적인 곳이 바로 광고다. 여성은 여성으로 대우받는 것이 아니라 여성들의 상품화된 이미지, 즉 제품 판매에 도움을 주는 장식적이고, 성적인 의미가 가득한 장신구로 취급된다. 이것은 존재론적 존재자로서 여성들의 특성을 예찬하는 것이 아니라, 시장성이 있고 상품화 할 수 있는 이미지로서 여성들을 냉소적으로 착취하는 것이다. 그런데도 『라스베가스의 교훈』의 저자들은 이처럼 중요한 윤리적 질문에 대해서는 한 마디의 논평도 없다. 이처럼 상품화 된—이미지로서의—여성 드러내기를 예찬함으로써, 그들은 무비판적이고 피상적인 영역에 빠져 사실상 착취를 용인하고 있는 것이다. 이것은 건축의 가부장적 스타 시스템patriarchal star system에 관한 데니스 스콧 브라운의 출판된 비평들과[16] 『라스베가스의 교훈』의 후기 부록latter addictions에서 성 구분을 배제한 특수한 용어non-gender specific language를 의식적으로 도입한 것을 고려하면 더욱 아이러니한 일이다.[17]

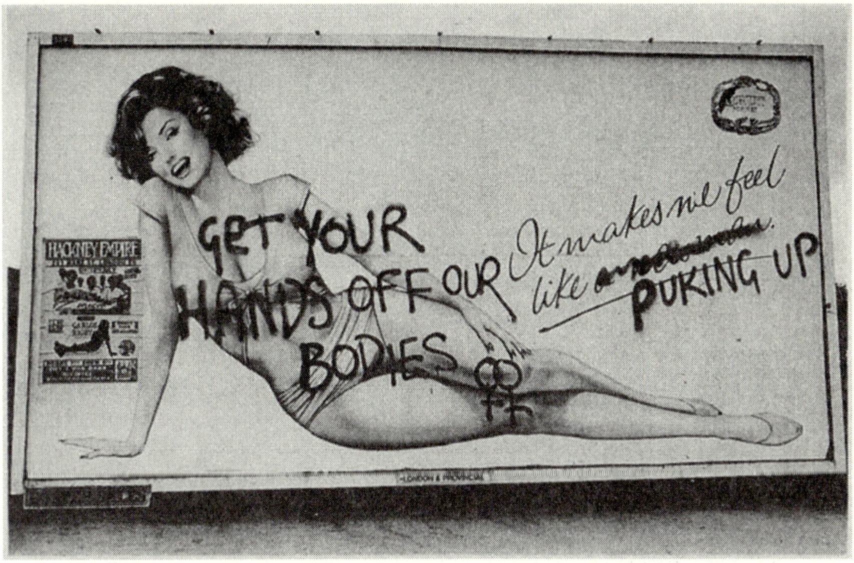

4.3 페미니스트 낙서가 있는 브룻 광고Brut Advertisement. 브랜다 프린스Brenda Prince /포맷사진Format.

벤투리, 스캇 브라운, 이즈너의 이미지 예찬은 자신들의 후기 작품에서 건축적으로 표현되어 있다. 동일한 원리를 여기서도 발견할 수 있다. 런던의 내셔널 갤러리 National Gallery의 샌즈버리 관館 Sainsbury Wing 증축 설계에서, 주 계단을 가로질러 걸쳐져 있는 철재 트러스들은 처음에는 지붕을 받치는 구조체 역할을 하는 것처럼 보인다. 하지만 좀 더 가까이 들여다보면, 트러스들은 단지 장식으로 채택되어 쓰이고 있다는 것이 드러난다. 이 트러스들은 지붕에 매달려 지붕의 무게는 고사하고 자체 무게조차도 전달하지 못한다. 트러스의 리듬은 내셔널 갤러리의 주동 쪽으로 내다보는 유리 커튼월의 멀리온들mullions로부터 가져왔다. 그리고 이와 같은 처리방식으로 인해 트러스는 반대쪽 내벽의 창문 개구부와는 열列이 일치하지 않는데, 그로인해 때로는 트러스가 이 벽체의 개구부 상단에 바로 놓이게 된다. 이러한 디테일은 단지 트러스의 장식적 특성만을 강조할 뿐인데, 왜냐하면 구조 공학적 법칙은 하중을 받는 트러스는 절대로 창문 개구부 위에 위치하면 안 된다고 지시하기 때문이다.

일단 그것들이 원래 맥락으로부터 이탈하여, 그것들에 의미를 부여하였던 바로 그 기능이 부정당하면, 그 트러스들은 비구조적인 "장식"으로 재-규정된다. 심미화

4.4 로버트 벤투리와 존 라우흐, 내셔널 갤러리 증축, 런던, 실내 뷰, 사진: 필 스터링Phil Starling

의 총체적인 문제가 드러난다. 여기에서 중요한 것은 이미지다. 즉 이미지만이 중요하고 다른 어떤 것도 중요하지 않다. 트러스는 일종의 스타일상의 장치가 되었고 트러스들을 바로 그와 같이 장식으로 "재 맥락화하는 것"은 『라스베가스의 교훈』에서 형태를 추상적으로 다루는 방식에 내재된 문제점들을 노출하는 것이다. 왜냐하면 저자들이 형태를 "따로 떼어놓고 보는" 자신들의 추상적 연구는 꽤 수용할 만한 것이라 주장하고, 여타 모든 관심사들은 디자인에서 "재통합된다"고 규정했을지라도, 일단 그 형태들이 탈 맥락화되면, 재통합은 그리 쉬운 문제가 아니라는 것은 분명하다. 만일 맥락이 어떤 형태에 의미를 부여하는 무엇이라면, 그 형태를 "재통합"하는 것은 다른 의미를 부여하는 것이기 때문이다.

외부 입면에서도 똑같은 원리가 적용된다. 건물의 표피는 실내의 레이아웃을 거의 고려하지 않은 채 말 그대로 파사드 주변을 둘러싸는 장식적 치장석판으로 취급된다. 주동主棟에서 따온 콤포지트 벽기둥composite pilasters의 리듬은 간결하게 압축되어 있는 반면, 채색된 "이집트 풍"의 기둥들은 지상 층 레벨을 따라 열 지어 서 있다. 전체 건물은 양식들이 폭동을 일으키듯 충돌하는데, 그리스 양식은 이집트 양식과

4.5 로버트 벤투리와 존 라우흐, 내셔널 갤러리 증축, 런던, 실내 뷰, 사진: 필 스터링

뒤섞여 있고, 빅토리아풍의 공학적 미학은 오늘날의 커튼월 방식과 섞여 있기 때문이다. 오더, 트러스 등 여타의 건축 부재들은 탈 맥락화되고 탈의미화 되었다. 탄야Tanya와 마찬가지로, 그것들이 지닌 원래 의미는 씻겨나가고 한낱 장식으로 재규정되었다. 라스베가스의 정신, 그것은 벤투리, 스캇 브라운이 실현한 작품에 암암리에 서서히 영향을 미치고 있는 듯하다.

혁명의 미학

우리는 종종 『라스베가스의 교훈』을 건축적 가치를 인정받은 영향력 있는 평론이라 여긴다. 이 책은 건축을 구성하는 근본적인 것들 바로 그것에 의문을 제기하였다. 그 메시지는 아주 직설적이다. 건축가들은 더 이상 추상적이고, 학문적인 구성 이론들을 무비판적으로 지지해선 안 된다. 대신 메인 스트리트Main Street 그 자체를 통해 배워야 한다.

그러나 이 책의 평론은 얼마만큼 급진적인가? 건축문화에서, "급진적"이라는 것은 종종 일종의 정치적 입장으로 표현된다. 즉 건축은 중요한 사회적 · 정치적 사명을 가지고 있다는 가정假定은 종종 디자인 문제에 묻혀버린다. 그 결과 "좋은 디자인"은 종종 의미 있는 사회적 · 정치적 영향력을 갖고 있다고 생각한다. 그 연장선에서, 건축 영역 내에서 "급진적"이라고 간주되는 것은 비슷하게 사회 정치적 관점에서 "급진적"이라 생각한다. 벤투리, 스캇 브라운, 이즈너는 심지어 자신들의 작품이 "혁명적"이라고 주장하는데, "기존 경관에서 배우는 것이 건축가에겐 혁명적일 수 있는 하나의 방법"이라는 표현 속에 담겨 있다.[18]

르 꼬르뷔제가 "혁명적"—비록 잘못 쓰이고 있긴 하지만—이라는 용어를 순수하게 사회적 · 정치적 의미로 사용했던 반면, 벤투리, 스캇 브라운, 이즈너는 그 용어를 심미적 의미로 사용하는 것이 분명하다.[19] "혁명"은 심미적인 것이 도용한 정치 용어가 되었지만, 그 용어는 어떤 특정한 권위를 주장하기 위해 그 용어가 가지고 있는 원래 의미에 기댄다. 혁명이란 용어는 심미화 되었다. 그러한 전략들은 분명 후기 자본주의 문화 도처에 깔려있다. 실제로 자본주의가 지닌 강점 중 하나는 정치적 용어들을 시장 영역에 꽤 성공적으로 재배치할 수 있다는 점이다. 광고계만큼이나 이를 더 명확히 보여주는 곳은 없다. 일례로, "혁명적" 포즈로 팔을 하늘 높이 쳐들고 있는 러시아인처럼 보이는 여성은 휴대폰을 소유할 "권리를 요구"한다. 또 다른 사례로 외젠 들라크루아Eugene Delacrroix의 유명한 회화 〈민중을 이끄는 자유의 여신〉은 최신 유행복을 차려입은 혁명적 인간을 보여준다. 그림을 위한 제목은 "목숨을 걸만한 원칙들Principles to die for" 이다. 자유의 여신은 여기에서 다소 반동적 자유의지론자의 이상reactionary, libertarian ideal으로 뒤바뀌었고, "원칙들"은 그것들이 지닌 윤리적 위상은 박탈당하고 우아한 옷맵시sartorial elegance를 도덕적으로 방어하는데 재-전용되었다.

따라서 우리는 자신들의 작품이 "혁명적"이라 주장하는 건축 이론가들을 경계해야 한다. 그러한 주장들은 그저 심미적인 차원에서 하는 소리다. 정치 영역의 언어를 도용할 뿐만 아니라 심미화하면서 말이다. 이런 문제는 많은 건축가들이 표현하기를 좋아하는 "급진적" 이미지로까지 확대된다. 진정한 의미에서 "급진적"이라기보다 오히려, 건축가들은 경제적이고 정치적인 현 상황에 관련된 일들에 너무나 자주 연루되어 있기 때문이다. 따라서 자유 행동권free agency에 대한 어떤 주장에 대해서는 의심을 하며 다루어야 한다. 급진적인 미학과 급진적인 정치학을 혼동할 위험, 그리고 심미적인 것과 정치적인 것을 융합할 위험—내가 생각하기에, 건축이 종종 빠지는 늪—이 있다. 그렇다고 심미적인 것이 근본적으로 정치적인 것과 분리되어 있다는 것은 아니다. 급진적 미학은 사실 반동적 정치reactionary politics [5]를 감출mask 수도 심지어 촉진할promote 수도 있다. 건축문화는 늘 반동적 정치에 민감할 것이다. 그것은 건축문화가 급진적인 면모facade를 갖추고 있음에도 불구하고 그러하다는 것이 아니라 정확히 말해 그 면모는 *심미적* 급진주의의 일면에 지나지 않기 때문이다.

우리는 라울 바네겜Raoul Vaneigem의 문제작인 『일상생활의 혁명』을 배경으로 『라스베가스의 교훈』이 말하는 "혁명"을 판단할 수도 있다. 왜냐하면 바네겜은 "혁명"이란 근본적으로—심미적 의도의 산물이 아니라 적극적 참여의 산물인—프락시스praxis에 관한 문제라는 것을 깨달았기 때문이다. 어쩌면 상황주의자들이 사회 변화에 대한 자신들의 희망이 지나치게 낙관적이었다는 것을 인정할 수도 있겠지만, 그들은 정치라는 것은 오직 정치적 행위를 통해서만 표출될 수 있다고 보았다. 진정한 "혁명"은 미술관이 아니라 거리와 정부 청사에서 일어난다. 바네겜은 "혁명"을 스펙터클 사회의 상품화된 관계들 속에 내재된 소외를 극복하기 위한 하나의 시도라 여겼던 것이다. 이와 비교해 볼 때, 벤투리, 스캇 브라운, 이즈너의 "혁명"은 결국 지배

문화를 약화시키는 것과는 거리가 먼, 그저 지배문화를 강화하는데 이바지하며 현실에 안주하는 심미적 제스처라는 것이 판명된다.

라스베가스의 교훈

이러한 것들이 스펙터클 사회의 고도 자본의 도시, 라스베가스의 교훈인데, 이곳에는 성차별적인 광고판들이 방문자들을 맞이하고 가짜 백부장들이 가짜 "시저 궁 Ceasar's Palace" 외곽을 지키고 서있다. 그것은 역설적 규칙들이 내용을 넘어서고, 모방작품이 역사적 감수성을 이기는 얄팍하면서도 피상적인 세계다. 벤투리, 스캇 브라운, 이즈너가 라스베가스를 예찬하는 것 역시 우연이 아니다. 라스베가스의 가치관을 무비판적으로 대하는 그들의 방식은 광고 그 자체에 벌어지는 의미제거를 그대로 되풀이 한다. 사막 도시 라스베가스, 그 스스로 문화적 가치관을 사막화하는 것은 그 도시를 둘러싸고 있는 사막의 문화적 깊이가 제로 상태라는 것을 반영한다. 광고의 도시 라스베가스, 이 도시가 지닌 넋을 빼놓는 황홀감은 사막의 매력을 거울처럼 반영한다. 라스베가스, 궁극적으로 건축의 도시가 아니라 상품화된 기호의 도시, 피상적인 것들이 공허하면서도 유혹적인 승리를 거두는 도시. 바로 이 같은 표피 예찬, 보드리야르가 주목한 것처럼 깊이 없는 광고가 뿜어내는 빛, 그것이 라스베가스의 건축을 지우고 도취시키는 유혹적인 형태를 구성한다.

만약 누군가 해질 무렵 광고의 휘황찬란한 빛 속에서 사막으로부터 통째로 솟아오르고, 동이 틀 무렵 사막으로 되돌아가는 라스베가스를 본다면, 광고가 그 벽들을 밝히거나 장식하는 것이 아니라는 걸 알게 될 것이다. 그것은 벽들을, 거리를, 파사드를, 그리고 모든 건축을, 어떠한 증거도 깊이도 지워 없애버린다. 그리고 이 같은 제거, 이처럼 표면으로 모든 것들을 다시 흡수해 버리는 것, 그것은 우리의 얼을 빼놓으면서 다른 어떤 것과도 바꾸지 않을 하이퍼리얼 같은 희열에 빠져들게 한다. 그리고 그것이 바로 공허면서도 피할 수 없는 유혹의 모습이다.[20]

5
유혹, 최후의 수단
SEDUCTION, THE LAST RESORT

라스베가스는, 보드리야르가 보기에, 피상적인 겉모습의 세계에 갇혀 있는데, 그곳에서는 모든 것이 "제거"되고 표면으로 "다시 흡수"된다. 이것은 (성적 유혹과 같은 협소한 의미가 아니라 가장 넓은 의미에서의) 유혹의 논리다. 보드리야르의 주장에 따르면, 유혹은 담론으로부터 의미를 떼어내고 담론이 추구하는 진리로부터 멀어지게 한다.[1] 유혹은 순전히 시각적 차원에서 관람자를 매료시키고 더 깊은 차원에서의 탐구를 가로 막으려 한다. 그런 까닭에 유혹은 "해석"과 대비될 수 있다. 해석은 표면적인 외양의 영역을 깨뜨리고 어느 정도 기저를 이루는 진리를 물으려 애쓰는 반면, 유혹은 황홀하게 만드는 표면 세계 속에서 관람자들의 넋을 빼놓으려 하면서 결코 그 너머를 보려하지 않는다. 겉모습의 영역 안에서 미적거림으로써, 유혹은 의미 탐색을 억누른다. 보드리야르가 지적한 것처럼 "모든 겉모습들은 (의도적이든 아니든) 의미와 싸워 그 의미를 뿌리 채 뽑으려는 음모를 꾸미고, 그것을 하나의 게임, 게임의 규칙이라는 또 다른 게임으로, 한층 더 자의적인 규칙으로—혹은 규정하기 힘든 의례적 규칙으로 전환한다. 그것은 직접적인 의미보다 더 모험적이고 유혹적이다.[2]

보드리야르는 유혹 그 자체를 반대하는 것이 아니다. 사실 그는 "해석"과 반대되는 모형이라는 것 그 이상으로 "유혹"을 옹호한다. 그리고 그는 특히 정신분석학 분야에 대해 비판적인데, 왜냐하면 너무 오랫동안 해석에 관한 문제들에 집착하였기 때문이다. 비록 프로이트 자신이 한때 유혹이라는 개념으로 작업을 수행하였지만,

5.1 라스베가스, 존 라우노이스 John Launois

73

유혹, 최후의 수단

보드리야르가 지적한 것처럼, 이후에 그는 더 중요한 분석 모형을 위해 그 개념을 포기하였다. 다시 말해 "프로이트는 유혹에 관한 자신의 이론을 폐기하였는데, 해석과 성적 억압sexual repression에 관한 시스템a machinery을 설치하기 위한 것이었고, 그것은 객관성과 일관성이 지닌 모든 특성을 제공한다."[3] 그러나 유혹은 "기표記標 signifiers의 유희라는 엉뚱한 형태wild-eyed form로" 라캉의 담론Lacanian discourse을 통해 정신분석에 출몰하며 맹렬한 기세로 복귀하였다. 보드리야르가 보기에 이것 자체가 정신분석학의 종말을 초래하였는데, 왜냐하면, "이제까지 정립된ever erected 가장 아름다운 의미 구조construction of meaning가 이렇게 하여 자신의 기호들의 무게 하에서 무너져 버렸기 때문이다."[4]

보드리야르는 그런 이유로 모든 형태의 "의미심장한 화법meaningful discourse" 보다 "유혹"을 옹호한다. 왜냐하면 "의미심장한 화법들"이란 본질적으로 유혹적이지 않고, 또 이 사실로 인해 몰락 상태에 놓이기 때문이다. 언어는, 미묘한 뉘앙스와 의미 유희를 통해, 그 겉모습이 지닌 바로 그 매력을 즐긴다. 비록 "의미심장한 화법"이 "유혹"과 결탁할 수 있을지라도, "유혹"의 바로 그 매력에 대적하려 할 때마다 그 화법은 언어의 유희와 우연적 매력으로 인해 그 대적과정에서부터 유혹 당하는 위험에 처하게 된다. 이런 이유로 "의미심장한 화법"은 항상 유혹에 밀려나게 된다.

그러나 보드리야르에게 중요한 것은 "유혹"의 개념에는 일종의 계보genealogy가 존재해 왔다는 점이다. 보드리야르가 옹호하는 유혹은 아마도 이미 잃어버린 유혹일 것이다. "유혹, "용맹", "명예"가 모두 궁정세계의 일부였던 유혹의 "황금기"가 있었다. 그러나 산업혁명의 도래와 더불어, 모든 것을 명확하고 객관화할 수 있는 지에 관심을 기울이는 "생산"에 역점을 둠으로써, 유혹은 빛을 잃게 되었다. 보드리야르가 말하는, 유혹은 "한쪽으로 데려가다", "누군가의 경로를 다른 곳으로 돌리다"의 의미를 지닌 라틴어 *세두체레seducere*로부터 유래했던 반면, 생산은 "볼 수 있게 만들다", 혹은 "나타나게 만들다"라는 의미를 지닌 *프로두체레producere*로부터 유래하였다.[5] 현대 세계는 "생산production"이 지배한다. 보드리야르는 "모든 것은 내어 놓게produced 되고, 모든 것은 알아볼 수 있게legible 되며, 모든 것은 현실적이고real, 가시적이며visible, 설명 가능한 것이 된다."는 점에 주목한다. 예를 들어 모든 것은 권력, 개념체계 혹은 측정 가능한 에너지의 관계로 고쳐서 기록transcribed 된다. 다시 말해 모든 것을 말하고, 축적하며, 색인을 만들고, 기록하는 … 입증행위monstration [1], 시위demonstration, 그리고 괴물 같은 생산productive monstrosity의 문화이다.[6] 수수께끼 같고 불가사의한 모습의 유희, 음모, 그리고 미묘한 책략을 지닌, 유혹은 이 모든 것들과는 확연히 다르다. "유혹은 생산과는 정반대다. "유혹은 가시적인 것이 지닌 질서로부터 뭔가를 떼어내는 것인데 반해, 생산은 모든 것을 다 보이도록 구축하여 사물object, 수 혹은 개념으로 존재하게 한다.[7]

몸을 대하는 태도는 더 깊은 문화적 상황을 반영한다. 짐멜이 볼 때, 교환 가치가 지배하는 사회에서 자본의 추상적 순환abstract circulation이 근대 대도시에서 개인들의 추상적 순환을 반영하게 되었던 것과 마찬가지로, 보드리야르가 볼 때, 기술이 지배하는 사회에서 생활세계의 기계화mechanization는 몸body과 성행위sexual act에 대한 지배적인 기능주의적 태도 속에 복제되어replicated 왔다. "우리 문화는 조루증의 문화다."라고 보드리야르는 적고 있다. 예를 들어 "우리의 무게중심은 오직 욕망의 자연화naturalization와 관련된 리비도 경제libidinal economy [2]쪽으로만 이동해 왔는데, 그 욕망은 충동drives, 혹은 기계 같은 기능machine-like functioning, 무엇보다 가상의 억압과 해방에 전념하는 욕망이다."[8] 일단 성sex이 하나의 기능으로서 취급되면, 유혹의 영향은 약해지기 시작한다. 이는 단지 유혹과 성적인 영역을 결부시키려는 것이 아니다. 물론 그 둘은 관련되어 왔지만 항상 그랬던 것은 아니다. 상징적 질서가 여전히 힘을 발휘하던 시대에, 섹스는 단지 유혹의 "부가물addendum"에 지나지 않았다. 지금은 이 모든 것이 뒤바뀌었다. 성적인 것이 유혹에 승리를 거두고 유혹을 일종의 하위 형태로 병합시켜버린 것은 오늘날의 우리 문화에서만 그렇다.[9] 문화생활의 모든 면에서 생산에 의해 유혹은 빛을 잃어왔다. 생산이 성적인 영역에서 스스로를 나타내는 것은 포르노그라피의 모습인데—"현실에서 외설적인 장면," 거기에서는 모든 베일이 제거되고 몸은 지나칠 정도로 잘 볼 수 있게 된다. 포르노그라피는 일종의 사실주의에 대한 탐닉orgy of realism, 생산에 대한 탐닉orgy of production이다.

생산 쪽으로의 변화가 강조되면서, 유혹은 활력의 일부를 잃어 버렸다. 유혹은 오늘날 우리가 지닌 것이 우리의 기계화 시대와 어울리는 빈약하고 타락한 버전일 뿐일 정도로까지 방탕해졌다. 마치 성적인 것이 포로노그라피적인 것으로 퇴보한 것과 마찬가지로, 오늘날 유혹은 기계화 되고 깊이 없는 일종의 전략으로 축소되었다. 보드리야르는 이에 대해 "유혹의 환상적인 축소"라고 평한다. "욕망의 반란으로 변형된 이러한 섹슈얼리티, 육체적인 생산과 순환이 이루어지는 이 같은 방식은 현재의 특성을 획득하였고, 그 방식을 '성적인 관계' 라는 용어로 말할 수 있게 되었다. 오직 모든 형태의 유혹을 망각함으로써만 말이다."[10] 유혹은 종잡을 수 없는 리비도적 스트립쇼에 갇혀 버렸다. 이러한 교환 사회에서 유혹은 이제 어디에나 있으면서도 아무데도 없다. 교환물들의 순환을 지원하고 사회관계에 윤활유 역할을 하면서 말이다. 그리고 오늘날 우리 시대의 유혹이 무기력하다는 것을 잘 보여주는 것은 정확히 이 같은 순환이 아무런 의미를 지니고 있지 않다는 점이다. 우리는 더 이상 유혹과 의미의 대결을 말할 수 없는데, 보드리야르에 따르면, 이는 세계가 그 모든 의미를 상실했기 때문이다. 거기에는 뒤집을 수 있는 어떠한 진실도 존재하지 않는다. 유혹 그 자체는 지시체reference가 지닌 뜻sense [3]으로부터 떨어져 나온 기호들의 끝없는 부유 속에, 무기력하게 된 채, 갇혔다. 생산에 집착하는 시대에, 의미는 테크닉과 수행성performativity [4]에 굴복하고 말았다. 더 이상 "왜?"라는 질문 없이 "어떻게?" 그리고 "몇 번이나?"라는 질문만 있다.

유혹은 그 매력을 잃었다. 유혹은 그것이 지닌 모든 열정을 잃어버렸다. 마음을 사로잡고 치명적 매력을 풍기는 유혹이 지닌 문자 그대로의 의미가 타락하자, 방탕해진 유혹은 매끄러운 관계—매끄러운 기호조작smooth semiurgy, 소프트테크놀로지 Soft technology, 소프트에너지soft energy, 가벼운 유혹soft seduction—에 필요한 사회적 · 기술적 윤활유 바르기를 뜻하게 되었다.[11] 이 "가벼운" 유혹은 오늘날의 사회 어디에서나 확산되고 있다. 그것은 일종의 쇠약해진 유혹인데, 보드리야르가 보기에, "이 사회에서 사용하는 그 밖의 용어들-분위기, 교묘한 조작, 회유, 만족감, 욕망의 전략들, 개인관계의 신비감, 리비도 경제와 그 리비도 경제가 경쟁적인 경제와 그 권력관계를 재배열하는 관계이동을 매끄럽게 하는 것"—과 유사한 의미를 지닌다.[12]

이 같은 "유혹"의 퇴보는 예술을 대하는 태도가 진화한 데에서 영향을 받았다. 벤야민은 예술 작품이 어떻게, 문화적 혹은 심미적인 형태로 세속화되고 그 다음에 기술복제 시대의 아우라aura의 쇠퇴와 더불어 마침내는 순수형식에 굴복하기 이전, 제례의식에서 제의적 대상ritual object으로서 기원을 갖고 있었는지를 주목하는데, 기술복제시대의 예술작품은 그 고유한 특성을 상실하여 더 이상 많은 가치를 지니지 못한다. 유혹도 마찬가지로, 심미적 단계로 이동하기 전에는, 제의적인 것the ritual에 그 기원을 두고 있는데, 심미적 단계에서 유혹은 일종의 게임, 표면적 외양surface appearances의 유희play가 된다. 그 다음 단계는 유혹이, 예술과 마찬가지로, "내용 없는 형식의 끝없는 재생산"으로 축소되는 단계일 것이다.[13] 혹자는 추측할 수 있을지도 모르지만, 이 단계에 이미 도달하였다.

라스베가스의 유혹

여기서 우리는 『라스베가스의 교훈』이 내세우는 수사법rhetoric으로 되돌아가는 우리 자신을 발견한다. 왜냐하면 벤투리, 스캇 브라운, 이즈너가 고취하고자 한 것은 정확히 아무런 내용 없는 형식으로서의 라스베가스의 이미지 바로 그것이기 때문이다. 결국 『라스베가스의 교훈』은 "내용이 아니라 방법"에 관한 연구인 셈이다.[14] 그것은 더 이상 윤리나 의미에 관한 문제가 아니라 그저 발가벗겨진 "형태" 외설적 상태, 다시 말해 형태를 위한 형태에 관한 문제다. 라스베가스에서 그들에게 중요한 것은 형태와 내용, 미학과 윤리, 혹은 실제로 유혹과 의미 간의 투쟁이 아니다. 오히려 형태와 형태 간의 지극히 평범한 조우encounter이다. 그들이 "설득의 건축an architecture of persuasion" [5]을 주장하고 있음에도 불구하고, 건축은, 말하자면, 유혹에 호소하는 듯이 보인다. 그렇다면 어떤 의미에서 라스베가스가 유혹적으로 비칠 수 있다는 것인가? 그것은 아무 곳에서나 그 자체를 재생산하는 가볍고soft 흔한pervasive 형태의 유혹인가? 유혹의 궁극적 승리와 소멸을 특징으로 하는 내용 없는, 무의미한 형태의 유혹인가? 그리고 분명히, 만일 보드리야르 자신이 라스베가스에서 인식한 유혹의 특정 버전이, 그가 "공허하고 피할 수 없는 형태의 유혹"으로 기술한 유혹이라면, 우리는 이 "설득의 건축"을 떠받치는 원리가 정확히 최악으로 저급해진ultimate degraded 버전, 오늘날the present의 그림자 없는shadowless 외설성을 드러내는 유혹의 버전이라는 것을 확신할 수 있다.

이러한 측면에서, 라스베가스의 도박은 그와 같은 상태를 거울처럼 반영한다. 왜냐하면 만일 유혹의 최종 단계가 완전히 기계화되고 내용 없는 형태를 띤다면, 이것은 도박이라는 게임 속에 그 자체를 반영하기 때문인데, 벤야민은 이것을 공장 노동자의 경험과 비교한다. 도박 과정의 기계화mechanization는 공장 기계의 기계화를 복제한다. 한편 "노동자의 고된 일"은 그 방식에서 도박꾼의 그것에 대한 대응물이다. 벤야민이 말하는, "도박은 심지어 자동화작업으로 인해 발생하는 노동자의 몸짓gesture까지도 포함하는데, 왜냐하면, 판돈을 내어 놓거나 카드를 집어 드는 민첩한 손동

사진건판 1 바그다드의 밤하늘, 이라크, 1991년 1월 16일, 그라지아 네리Grazia Neri

사진건판 2 맨해튼, 프란시스코 히달고Francisco Hidalgo

사진건판 3 라스베가스, 케이스 콜리Keith Collie

사진건판 4 "무리 Swarm" 케빈 로보섬Kebin Robotham, 『형태에서 프로그램으로Form to Programme』 62쪽

작이 없는 게임이란 있을 수 없기 때문이다. 기계동작에서 갑작스럽게 덜컥거리는 것은 확률 게임에서는 소위 *대박*coup을 터트리는 것과 같은 것이다".[15]

노동자가 기계의 추상적 움직임을 자신들의 동작에 복제하는 것과 마찬가지로, 그렇게 도박꾼들의 동작도 어수선한 분위기에서 이루어진다. 벤야민이 말한 바와 같이 "도박꾼들은 자동화 기계automations처럼 자신들의 삶을 살아간다. 그리고 그들은 자신들의 기억을 완전히 없애버린 베르그송의 가공인물들을 닮았다."[16] 왜냐하면 여가시간의 오락entertainment의 한 형태로서의 산만함distraction은 의미 없는 반복들로 채워진 근무일working day을 보완하는 것이기 때문이다. 비슷한 것들은 비슷한 것들로 대체된다. 여가는 업무에 끼어 들어가 업무 속에서 여가 본연의 특성, 여가의 얄팍한 세계관을 취한다. 표면 수준의 오락은 표면 수준의 노동이 지닌 지루함을 보상하게 되는데, 왜냐하면 산만함이 "자유 시간의 분주-함busy-ness"이라는 역할을 떠안기 때문이다.[17] 산만함은 업무의 한 형태가 된다.[18]

만일, 역설적으로, 반복적인 기계화 된 기계동작이 신경계를 둔감하게 만들고 노동자를 마취시키는 역할을 한다면, 마찬가지로 공허하게 반복되는 슬롯머신들의 덜컥거림, 깜빡이는 불빛, 이국적인 칵테일, 그리고 오락실의 감각적 폭격 역시 그것들 자신의 심미적 보호막을 제공하는 것일 수도 있다. 감각들sensations의 시각적 · 청각적 만화경은 도박꾼들을 둔감하고blase 도취된, 마약에 취한, 최면 상태에 머물게 하며, 그로써, 그 때문에 도박세계는 기이하고 신비한 차원을 띠게 된다. 도박의 추상적 기계장치는 유사 종교적인 힘을 부여받게 된다. 그리고 그것은 엄밀히 말해 핵심에 얄팍한 지루함을 감추고 있는 이러한 신화적 차원이다. 반짝거리는 것들과 특수효과들이 쏟아 내는 것들 아래에는 상업적 기업의 서속한 기업정신이 도사리고 있다. 유혹이 더럽혀진 것은 자본주의가 지닌 천박한 도구성에 기인한 것이다. 유혹은 생산을 지원하는 위치에 놓이게 되었다. 따라서 도박의 "유혹"은 스트립쇼의 외설적인 포르노그라피적 논리에 사로잡힌다.

라스베가스는 유혹의 천박하고 내용 없는 형태, 다시 말해 유럽에서는 여전히 분명한 유혹의 원래 의미가 저급해진 버전을 구현한다. 그것은 왠지 유혹 없는 "유혹", 그림자 없는 버전, "피상적인 포화상태와 매혹"의 "유혹"이다. 왜냐하면 그것은 최종단계에 있기 때문에, 보드리야르가 암시하는 것처럼, 유혹은 단순히 "매혹"에 빠지고 마는 것일 수도 있다. 공허하고 의미 없는 유희play처럼 유혹이 모든 것을 지배하게 되는 극한 상황에서, 유희 개념은 평가절하 된다. 가령 미국 같은 나라에서 "유희"는 아무런 생각 없이 여든 세 개의 다른 TV채널 돌리기가 된다. "유희"는 유혹이 아니라 시스템들의 따분한 순환—"별의" 아메리카astral America [6]—을 나타내게 된다. 그렇다면, 혼합과 변화의 끝없는 조합게임combinatory game으로서의 "유희"가 매혹의 원천이 될 수 있는 것은 바로 이 지점이다. "어느 누구도 더 이상 황홀이나 유혹의 영역을 말 할 수 없다," 보드리야르의 말을 주목하자면, "그 대신, 매혹의 시대가 시작되고 있다."[19] 그리고 라스베가스의 외설성에 대한 매혹은, 사막이 지닌 그 무한하면서도 획일적인 풍경과 그 찬란한 중립성으로, 그 공허한 강렬함이 주는 매력을 거울처럼 반영하게 된다. 라스베가스는, 사막처럼, 문화의 소멸점이 된다. 이런 이유로 라스베가스는, 보드리야르가 그 자체를 미국의 문화적 사막으로 보는 것, 다시 말해 유혹의 진정한 의미를 알지 못하는 지역을 상징하게 된다.

매력이 없다면, 이 모든 것에는 유혹도 없다. 유혹은 다른 곳, 이탈리아, 회화繪畫가 되어왔던 특정 경관들 속에 존재한다. 마치 그것들을 담아내는 도시와 박물관과 마찬가지로 문화화되고 디자인 속에 정제되었던 것처럼 말이다. 한정되고, 베껴진, 지극히 유혹적인 공간들, 그곳에서 의미는, 호화로움이 극치에 달하면, 마침내 장식이 되고 만다. 여기에서는 정확히 그 반대다. 다시 말해 유혹은 없지만, 절대적인 매혹이 존재한다. 목적 없는 중립성이 빛을 발하며 심미적이고 지극히 중요한 삶의 모습들이 소멸하는 그 매혹 말이다.[20]

유혹의 건축

그렇다면 명백하게 유혹을 목적으로 하고 있음에도 불구하고 약간의 급진적인 비평의식을 제공하려는 건축은 타협적이어야만 한다. 이미지에 집착하는 소위 아방가르드의 수많은 프로젝트들은 이러한 역설에 갇힌다. 이미지 물신화하기는, 유혹의 논리에 굴복함으로써, 현대 건축 문화에 관한 급진적 비평에서도 권위를 찾을 수 없다. 하지만 유혹은 표면 수준에서 작동하며 어떠한 정치적 비평이나 의미 탐구에도 반대한다. 왜냐하면 급진적 비평은 의미 차원에서 작동하는 내용의 정치학으로 스스로를 규정하기 때문이다. 정치가 유혹과 언제나 완전히 결별해 있다는 것은 아니다. 실제로 유혹은 간곡한 정치적 요청 과정에서 중요한 역할을 수행한다. 의미심장한 화법이 흔들리는

5.2 케빈 로보섬, 『형태에서 프로그램으로』 전면 겉표지

곳에서는, 유혹이 장악한다. 정치에서의 유혹은 유권자를 유도하고 산만하게 하기 위한 표면 광택제, 일종의 구슬리기 위한 덫으로 작용한다. 유혹은 탐구정신을 흡수하고 억제함으로써 피해자를 꾀어낸다. 유혹의 힘은 비평적 탐구의 힘과는 반대 방향으로 흐른다. 비록 비평이 유혹적일 수 있다 할지라도, 유혹은 결코 비평적일 수 없다.

그와 같은 역설은 케빈 로보섬Kebin Rhowbotham의 『형태에서 프로그램으로Form to Programme』에 가장 명료하게 드러나는데, 이 책은 고귀한 취지를 충분히 매력적인 이미지로 설명하고 있지만 전반적인 결론에 결함이 있다.[21] 로보섬의 저서는 런던 건축학교의 아방가르드 진영에서 건축교육의 새로운 방향을 설정하고자 한 최근 시도들 가운데 가장 두드러진 것 중 하나다. 제목에서 제시하고 있는 것처럼, 이 책은, "실험과 개선의 결과로 나타나는" 형태의 가능성을 탐구함으로써, "형태는 기능을 따른다"는 전통적 모더니즘의 금언을 전복하는 데 목적을 두고 있다.[22] "프로그램"이란 개념은 "익숙하게 프로젝트 사이클의 도입부가 아니라 형태 실험이 구성적으로 해결된 이후, 끝자락에서야" 소개된다. 이 책은 학생 작품을 감각적으로 설명하면서, 새로운 접근법을 만들어내는 데 쓰이는 일련의 전략들—"자동적 역동성auto-dynamism", "스크래치the scratch", "지도제작하기mapping", "기생물들parasites", "전용appropriations", "영토성territorialities"—을 도식으로 보여주는데, 이런 접근방식은 형태를 옹호하는 까닭에 "내용"이 지니고 있던 주도권을 박탈한다. 로보섬에게, "형태는 문화비평의 입장에서 정치적으로 개입하기 위한 주요 수단이다."[23]

이 책에서 데이비드 그린David Greene의 도입 글은 해변의 이미지 위에 겹쳐 있고, 상황주의 슬로건인 "포장 도로 아래에 해변이 있다Beneath the pavement is the beach"라는 문구를 이미지의 제목으로—다소 아이러니하게도, 그런 것 같다—삼고 있다. 여기에서 그린은 자신도 모르게 이 프로젝트가 어떻게 딜레마에 빠지게 되었는지를 노출하고 있다. 이 문제의 핵심에는 유혹의 문제가 놓여 있다. 그린은 한편으로 유혹을 옹호하면서도, 다른 한편으로는 내용의 필요성을 주장한다. 마치 유혹의 "분명한 화법manifest discourse"이 내용의 "잠재적 화법latent discourse"과 매끄럽게 조화를 이룰 수 있는 것처럼 말이다. 그는 많은 학생작품에서 "개념이 빠져나가버리기 쉬운" 현재의 경향을 개탄한다. 그리고 그 다음에 "유혹의 수단은 마음이 아니라 눈을 통해서"라는 주장을 계속한다. 그가 주목하는 "이러한 시각적 유혹은 컴퓨터의 활용으로 촉진된다. 그리고 한편으로 활짝 열린 가능성들은 긍정적이지만, 그 가능성들은 "사변적 생산speculative production을 강조하는 측면에서는…다른 영역으로의" "전환"을 필요로 한다."[24] 그린에게 있어서, 이 새로운 영역이란 개념적인 것the conceptual이다.

역설은 그린이 텍스트text와 설명을 위한 삽화illustration들 간 어느 정도의 불일치를 시인할 때 더욱 명확해진다. 그가 말하기를, "텍스트는 전복시키고 의문을 제기하는 반면, 학생 프로젝트에 설정된 방법은 그러한 입장을 금한다." 그는 텍스트와 이미지에 적합한 다른 역할을 주장함으로써 이러한 역설을 방어하려 한다. "책에 있는 이미지는 텍스트를 설명하기 위한 것이라기보다 독자를 텍스트로 유혹하기 위한 수단으로 보는 것이 더 낫다. 이러한 방식으로 개념적 입장은 유지될 수 있고 다른 신화적 영역으로 끝이 나거나 빠지는 것을 피할 수 있다. 개념적 입장에서, 내가 뜻하는 바는 겉모습과는 별개로 작동하는 아이디어의 영역이다." 그린이 볼 때, 겉모습appearance이라는 것은 학생들을 "마취시켜" "아무 생각 없는 소비 상황에" 빠뜨릴 위험이 늘 있었다. 이점이 그가 이미지들 자체는 잠재적으로 타협적이며 그리고 그것은 텍스트가 어떤 형태의 내용을 건져 올리느냐에 달려 있다고 상정하게 된 중요한 이유이다. "그냥 잠깐 생각해보라" 그가—매우 노골적으로—끝맺고 있는 것은 "『형태에서 프로그램으로』에서는 삽화 없이 텍스트를 진술하여 왔었다"는 것이다.[25]

아마도 이 모든 것은 그린이 찬양하는 유혹의 특수한 유형으로 설명될 수 있을 지도 모르겠다. 즉 "유혹적인 표면surface을 생산하기 위한 가용한 기법들이 그토록 풍부하면서도 다양하고, 특이하면서도 쉽게 접근할 수 있었던 적은 역사상 없었다. 따라서 유혹은 결코 더 쉬웠던 적이 없었다거나 혹은 그 문제는 너무 일반적이어서 그러한 행위들을 더 이상 인식할 수 없다고 주장할 수 있을지도 모르겠다."[26] 우리는 그린이 말하고 있는 "유혹"이 정확히 보드리야르가 밝혔던 유혹의 "가벼운soft" 형태와 같은 것이라는 것을 알 수 있을 지도 모른다. 그것은 "언어의 전 영역에 침투해 있으며" "유혹이 약화된 상황은 사회에서 그 밖의 너무나 많은 것들과 같은 뜻을 지니게 되었다."[27] 우리는 그린이, 보드리야르가 대비시키기 위해 그토록 애쓰는, 두 용어 "유혹"과 "생산"을 결합—"유혹적 이미지의 생산"—시키고 있다는 것을, 마찬가지로, 알 수 있을지도 모른다. 이는 더 나아가 여기서 우리가 가지고 있는 것은 "생산"의 시대에 나온 "유혹", 말하자면 가장 저급한 현대적 형식의 유혹이라는 결론을 확증 지을 수도 있을 것이다. 유혹은, 그 시대의 기술적 용품technical paraphernalia에 의해 탄생하고 생산된, 그 기계화의 시대 내에서 하나의 프로젝트가 된다.

5.3 “무리swarm” 케빈 로보섬, 『형태에서 프로그램으로』 62쪽

5.4 "무리" 케빈 로보섬, 『형태에서 프로그램으로』 63쪽

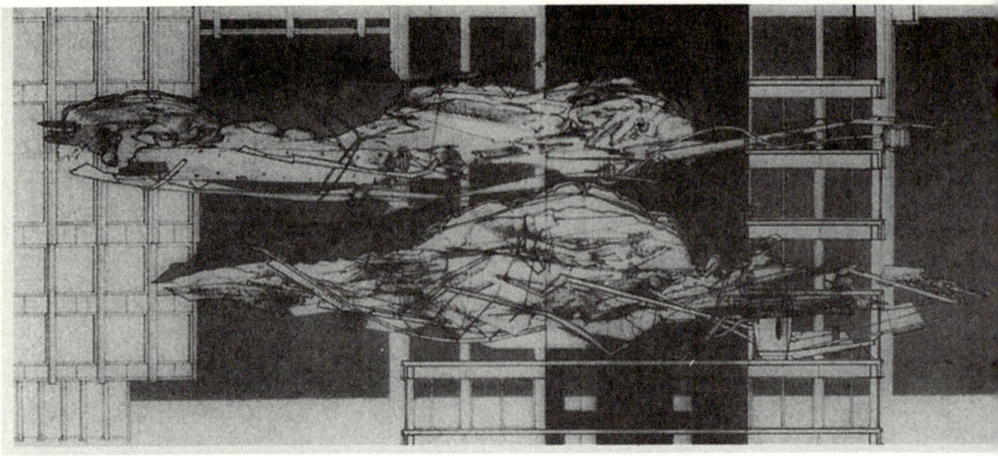

5.5 경제학자 건물에 덧붙여진 기생충, 런던,『형태에서 프로그램으로』,30쪽

그것은 유혹인데, 게다가, 심미화와 불가분하게 연결되어 있다. 의미심장한 화법meaningful discourse이 피상적이고 심미화된 이미지의 세계에 흡수되어 무기력한 모습을 보일 때, 유혹은 보는 사람들을 설득하기 위해 실행 가능한 유일한 전략으로 남는다. 심미화의 문화에서 남아 있는 것이라고는 유혹뿐이다. 그 뿐만 아니라 심미화는 유혹을 위한 토대를 마련한다. 일상생활에서 술이 잠재적 고객으로 하여금 예술작품을 구매하도록 유혹하거나 연인이 될 수도 있는 사람을 성적 욕망이 이끄는 대로 행동하도록 중요한 역할을 할 수도 있는 것과 마찬가지로, 심미적인 것에 도취하는 것은 유혹의 가능성을 용이하게 한다. 이미지는 그 자체에 유혹의 잠재력이라는 씨앗을 품고 있다.

그럼에도 불구하고 그린의 논평에 대한 정말로 우려스러운 결과는 이미지들과의 관계에서 그가 "유혹"이란 용어를 사용한다는 것이 아니라, 함께 사용하고 있는 텍스트에 대해 유혹이란 용어를 동일하게 적용할 수 있을지 없을지 모른다는 것과 같은 우려이다. 왜냐하면 텍스트 그 자체에는, 누군가는 주장할지도 모르겠는데, 이러한 가볍고 흔한 유혹이 마찬가지로 그 흔적을 남겨왔기 때문이다. 그리고 사실 그린은 망막상의 것들the retinal의 유혹 뿐만 아니라 개념적인 것들the conceptual의 유혹도 함께 요청하는 듯이 보인다. 혹자는 그가 개념적인 것을 옹호하고 학생작품에 대해 "그 유혹 수단이 눈을 통한다."고 비판한 데에서, 그가 "마음을 통해 유혹"하는 작품을 더 선호할 것이라 추론할 지도 모른다. 개념이 가득한 텍스트는 유혹의 힘에 스스로 굴복하였다고 주장할 수도 있다.

로보섬이 직접 내놓은 논평은 어쩐지 이를 뒷받침하는 듯하다. 그에게 핵심 개념은 "표면"에 관한 개념이다. 말하자면 그는 형태들이 지닌 의미가 아니라 형태들에 대한 "묘사descriptions" —형태들이 표면에 어떤 식으로 나타나는가?—에 관심이 있다. 로보섬에게 있어서 표면은 "형태가 표현하는 사물들의 이면에 놓여있는 것과 관련이 있는 것이 아니라 사물들의 전면에 놓여 있는 것, 즉 형태의 표면 위에서 희미하게 빛나고 반짝거리는 특성들, 그리고 의미를 나타내기보다 불러일으키는 형태들의 특성들"과 관련이 있다. 표면에 대한 바로 그 찬양에서, 로보섬은 설득과 유혹의 정치학을 다음과 같이 주장한다. "표면은 상품생산의 상대성relativity을 의도적으로 포용하고 설득과 유혹의 형태적인 방식terms에 집중함으로써, 의사소통이라는 일종의 현실정치에 다시 개입한다."[28] 설득과 유혹이 작동하는 이러한 표면세계에서, 우리

5.6 전시 상세Exhibition detail, 예술대학교Hochschule der Kunste, 베를린, 케빈 로보섬, 『형태에서 프로그램으로』 42쪽

가 조우하기를 기대하는 것인지도 모르는 것은 도대체 어떤 정치인가? 외양appearance의 정치, 얄팍하고 내용 없는 모습을 한 정치가 아니라면 말이다.

문제는 로보섬에게 있어서, 표면은 의미를 "불러일으키는 것"이라는 점을 고려할 때, 더더욱 혼란스러워진다. 표면은 "욕망의 대상들을 포착할 수 있는 연결고리를 지닌 끈적거리는 현장들sticky sites로 충만해 있다." 29 그렇다면 우리가 상정하게 되는 것은 이러한 "소통의 정치"는 단지 표면에 매여 있는 어느 정도 유동적인 "욕망의 대상"에 불과하다는 것인가? 그러한 접근방식이 제안할 명백한 상대주의를 차치하더라도, 그 속에는 잠정적으로 *어떤* "정치"는 *어떤* 표면에 매일 수도 있고, 그것은 또한 정치적 내용이란 물신화의 모든 논리에 약한 어느 정도 자유로운 유동적인 속성일 수도 있다는 점을 암시할 것이다.

게다가, 만일 그린의 "개념"이 이러한 범주에 빠진다고 가정한다면, 형태에 부착하거나 덧붙일 수도 있는 어떤 것처럼, 우리는 "개념" 혹은 "이론"이 스스로 물신화될 수도 있다는 것을 깨닫기 시작한다. 이론이 물신화에 저항하는 메커니즘이기는커녕, 그 과정의 희생양이 되어버리고 만다. 마크 위글리Mark Wigley가 말했던 바와 같이, "물신숭배의 작용들은 그 작용들을 밝히고 비판하는 바로 그 이론의 구조 속에 내재화되어 있다." 30

여기에서 문제는 즉각적인 것들의 현 문화가 지닌 천박함 속에서, 맥락의 중요성이 점점 무너진다는 것이다. 물신화 과정을 촉진시키는 것은 바로 이 같은 맥락—역사적이거나 지리적 특이성이 지닌 맥락—에 대한 감각의 결여이다. 그리고 명백히 『라스베가스의 교훈』의 저자들이 라스베가스의 형태들을 추출하고 그 형태들이 지닌 사회적 의미를 간과하는 것은 이 때문이고, 그들이 구축한 작품에, 형태들이 지닌 원래 의미를 전혀 고려하지 않은 채, 그처럼 다른 형태들을 다시 새겨 넣을 수 있는 것도 이 때문이다. 만일 우리가 내용은 형태의 속성property이 아니라 그저 형태와 어느 정도 비유적allegorical 관계를 유지하고 있는 것에 불과하다는 것을 받아들이면, 현대 문화에서 어떤 맥락이나 도드라진 것에 대한 감각이 약해지는 것은 그 같은 비유적 결속을 서서히 무너뜨리게 될 것이다. 그와 마찬가지로, 건축의 "내용"을 대변하는 "이론", "개념", 그리고 다른 용어들은 표면이라는 "끈적이는 현장들"에 그들 스스로 붙이는 부유하는 "욕망의 대상"이 되도록 자신들에게 의미를 부여한 원래 맥락으로부터 스스로 떨어져 나오게 될 것이다. 이론 그 자체가 "욕망의 대상"에 들러붙은 어떤 것이 될 수도 있다. 이러한 관점에서 볼 때, 『형태에서 프로그램으로』에는 개념으로 가득한 글과 감각적 이미지들 간에는 어쩌면 큰 틈이 없을지도 모른다. 텍스트와 이미지, 양쪽 모두 유혹적이라는 것을 입증하고 잠재적으로 영혼 없는 소비상태로 독자를 "마취시키는" 것일 수도 있다.

이는 비평적이든 그렇지 않든 모든 형태의 담론으로 확장되는, 누군가 주장할 수 있는, 하나의 조건이다. 세계의 심미화가 너무나 맹렬해서 유일하게 남은 전략은 유혹 즉 겉모습들의 공허하면서도 묘한 매력을 지닌 유희뿐이며, 그 곳에서는 비평은 힘을 잃고 자기만족과 매혹이 장악한다. 철학 역시 이러한 상황을 모면할 수 없다. 실제로 우리는 철학이 스펙터클의 사회에 개입하는 방식에 대한 드보르의 논평에 기댈 수도 있다. 드보르에게 있어서, 스펙터클은 서구 철학에서 모든 유형의 "약점"을 이용한다. 이런 정도로, 시각에 제1의 인식방법이라는 특권을 부여하고 이러한 조건에서 성장해 온 데카르트적 합리성의 지배는 스펙터클 그 자체를 부채질한다. 이런 이유로 철학은 스펙터클의 기본적인 한 측면으로 전용된다. 철학은 그 자체를 통해 스펙터클이 작동하게 하는 매개체가 된다. 드보르가 말한 바와 같이, "스펙터클은 철학을 실현하지 않는다. 스펙터클이 현실을 철학화 한다. 모두의 구체적인 삶은 사변적 세계로 격하되었다".[31]

지성적 존재와 시각적 자극에 대한 노출이 고조된 삶 사이에 발생하는 탈락이, 그것은 짐멜이 알아차렸던 것인데, 이러한 상황을 뒷받침하고 있다. 둔감한 개인의 입장에서 세계에 대한 산만한 개입은 추상적이고 이론적인 세계관에 의해 벌어진 거리를 복제하고 있다. 그리고 만일 그 두 가지 개입 방식들이 그렇게 동일선상에 있다면, 그러한 철학, 다시 말해 지성적 존재의 바로 그 본보기가 심미화의 영향에 굴복할 지도 모른다는 것이 놀랍지 않은가? 이러한 맥락에서, 시스템을 비판하는 철학자들조차도 어쩔 수 없이 동일한 시스템에 갇힌다. 그렇다면, 보드리야르 자신도 그 자신이 예측한 것에 대한 스스로도 알지 못한 희생자일 수도, 그리고 이미지로 구성된 하이퍼리얼의 세계에서, 철학 그 자체가 하이퍼리얼 문화에서 최고의 우상偶像으로 심미화 되어 온 것일 수도 있지 않은가? 보다 구체적으로, 피상적이고 유혹적인 이미지들과 반짝이는 효과로 이루어진 건축문화 내에서, 철학은 늘 일종의 지적 허영, 표면적인 겉치레로 도용될 위험이 있다는 말이다. 그런 맥락에서 철학은 한낱 패션 액세서리가 아니면 무엇이겠는가?

원주

1. 이미지 포화상태

1. Jean Baudrillard, *The Ecstasy of Communication* (New York: Semiotext(e),1988).
2. Jean baudrillard, "Xerox and Infinity," in *The Transparency of Evil*, 번역 James benedict (London; Verso, 1993), 51-59쪽을 보라
3. Jean Baudrillard, "The Implosion of Meaning in the Media," in *Simmulacra and Simulation*, 번역 Sheila Faria Glaser (Ann Arbor: University of Michigan Press, 1994), 79쪽
4. 같은 책
5. 같은 책
6. 같은 책, 80-81쪽
7. Jean Baudrillard, *Selected Writings*, 편집 Mark Poster, 번역 Jacques Morrain (Stanford: Stanford University Press, 1988), 190쪽
8. Jean Baudrillard, *The Perfect Crime*, trans. Chris Tuner (London; Verso, 1996)를 보라
9. Mike Gane, *Baudrillard's Bestiary* (London; Routledge, 1991), 101쪽을 보라
10. Mike Gane의 주장에 따르자면, "이러한 대체는 심각한 결말을 가져온다. 결정적인 것은 삶에 대한 일반적인 심미화이다. 왜냐하면 모든 것이 예술의 기호sign 아래로 떨어지기 때문이다, 그리고 역설적이게도 모든 내용을 상실한다." 같은 책, 103쪽
11. Jean Baudrillard, "Towards the Vanishing Poin of Art," Peter Bürger, "Aporias of

Modern Aesthetics," 내에 인용, 번역 Ben Morgan, *New Left Review* 184 (November/December 1990), 48쪽

12. Jean Baudrillard, "Transpolitics, Transsexuality, Transaesthetics," trans. Michael Valentin, in William Stearns and Willam Chaloupka, 편저, *Jean Baudrillard; The Disappearance of Art and Politics* (London: Macmillan, 1992), 10쪽
13. Jean Baudrillard, "The End of the Millennium or the Countdown," talk at the Institute of Contemporary Arts, London, June 1997.
14. Baudrillard, "Transpolitics, Transsexuality, Transaesthetics," 10쪽
15. 같은 책, 14쪽
16. 같은 책, 12쪽
17. 같은 책, 13쪽
18. Walter Benjamin, *Illuminations*, 번역. Harry Zohn (London: Fontana, 1992), 235쪽
19. Fredric Jameson, "Is Space Political?," Leach 편저, Rethingking Architecture (London: Routledge, 1997), 258쪽
20. Fredric Jameson, "The Constrains of Postmodernism", Leach 편저, *Rethingking Architecture*, 254쪽
21. 그렇지만 이것은 누군가가, 예를 들어, 르네상스 회화繪畵와 동일시할지 모르는 그런 비유체계가 아니다. 그곳에서의 알레고리allegory는 화가가 작업할 때 이용하는 고정 상징fixed symbols에 대한 해설에 기댄다. 내가 언급하고자하는 알레고리는 연관association의 알레고리이다. 따라서 좀 더 가까운 비교는 추상표현주의를 정치적으로 읽어 왔고 심지어 CIA가 전후戰後 선전도구로－이야기는 그렇게 흘러간다.－증진시켜왔다고 하는 그런 방법일 지도 모른다는 것이다.
22. "한번이라도 그리고 비록 아무리 허세를 부려 스스로에게 그 같은 꼬리표를 붙인다 해도, 정치적이 되겠다고 나설 수 있는 예술작품이나 문화는 없다고 나는 생각해 왔다. 왜냐하면 결코 그것이 요구하는 방식이 쓰일 거라는 어떤 보장도 있을 수 없기 때문이다. 위대한 정치 예술Brecht은 순수하고 반정치적인 예술로 받아들여질 수 있다. 즉 그저 심미적이거나 장식적이기 만을 원하는 것으로 보이는 예술은 활발한 해석과 더불어 정치적으로 다시 쓸 수 있다. 정치적 재작성이나 도용은, 그러니까, 정치적 이용은 비유적이어야만 한다. 즉 이는 그 예술이 그렇게 되기로 혹

은 의미하기로 되어 있는—그 자체에 내재된—것이라는 사실을 알아야만 한다." 제임슨Jameson이 묻기를, "공간은 정치적인가?", 258-259쪽

23. 내용이 "투사投射의 한 형식으로 이해될 지도 모르는 그러한 방식의 본보기를 보자면, 예술가 크지슈토프 보디치코Krzysztof Wodiczko의 작품을 고려해 볼 수 있을지도 모른다. 그는 정치색이 가득한 이미지들을 기념비적 건물들 위에 비추었다(한번은 런던의 남아프리카 외교공관公館에 스와스티카swastica를 비추었다.) 보디치코의 작품은 특히 오히려 더 기념비적 건물들에 대한 흥미를 환기시키기 위한 수단으로 그 건물들을 재도용 하는 데에 목적을 두고 있으면서도, "내용을 담은" 이미지들을 기념비와 건물들 위로 비추는 것은 인류가 자신들의 이해reading를 기념비와 건물들에 "투사하는" 그 과정을 상기시킨다. 보디치코의 작품에 대해서는, Octiber 38(Winter 1986)의 3-52쪽에 수록된 "Public projection"과 "크지슈토프 보디치코와의 대화"를 보라
24. Henri Lefebvre, "The Space of Architects," Leach 편저, *Rethinking Architecture*, 10쪽
25. Theodor Adorno, "Functionalism Today," Leach 편저, *Rethinking Architecture*, 10쪽
26. Alison and Peter Smithson, *Without Rhetoric: An Architectural Aesthetic* 1955-1972 (London: Latimer, 1973), p. 6. 이탤릭 글꼴부분 추가됨.
27. 같은 책, 34쪽
28. Denys Lasdun, *Architecture in an Age of Scepticism* (London: Heinemann, 1984), 137-142쪽

2. 파시스트와 같은 건축가

1. 이에 관한 것은 Andrew Bowie, *Aesthetics and Subjectivity from Kant to Nietzche* (Manchester: Manchester University Press, 1990), 30쪽을 보라.
2. Ansgar Hillach, "The Aesthetics of Politics: Walter Benjamin's 'Theories of German Fascism,'" *New German Critique* 17 (Spring 1979), 112쪽
3. Walter Benjamin, "Theories of German Fascism: On the Collection of Essays, *War and Warrior*, edited 편집 Ernst Jünger," 번역 Jerolf Wickoff, New German Critique 17 (Spring 1979), 122쪽

4. Walter Benjamin, "The Work of Art in the Age of Mechanical Reproduction," in *Illuminations*, 번역 Harry Zohn (London: Fontana, 1992), 211-244쪽
5. Walter Benjamin, *Gesmamelte Schriften(Collected writings)*, 3:488, Andrew Hewitt, *Fascist Modernism: Aesthetics, Politics and the Avant-Garde* (Stanford: Stanford University Press, 1993), 76쪽에 인용
6. 정치의 심미화에 대한 추가적 논의에 대해서는 Hewitt의 *Fascist Modernism*을 보라.
7. Alert Speer, quoted in Gitta Seremy, *Albert Speer: His Battle with the Truth* (New York: Knopf, 1995), 131쪽
8. Benjamin, *Gesmamelte Briefe(Collected letters)*, vol.2, to G. Salmon Delatour, 10 June 1924, Momme Brodersen 저, Walter Benjamin: A Biography, 번역 Malcolm R. Green과 Ingrida Ligers (London: Verso, 1996), 139쪽에 인용됨
9 Filippo Tommeaso Marinetti, Benjmin 저 "The Work of Art in the Age of Mechanical Reproduction," 234-235쪽에 인용됨
10. Benjamin, "The Work of in the Age of Mechanical Reproduction," 234쪽
11. 같은 책, 235쪽
12. Bernard Tschumi, "Six Concepts in Contemporary Architecture," Andreas Papadakis, 편저, Theory and Experimentation (London: Academy Editions, 1993) 중, 15쪽
13. 시뮬라시옹의 초현실 세계에서 사건은 미디어 사건이 되고나서야 하나의 사건이 된다. 이런 관점에서, 서방 텔레비전 방송이 유난히 조용했던, 인도네시아 군이 자행했던 동티모르 학살과는 달리 걸프전은 "발발"하였다. 그러나 걸프전이 "발발했던" 방식은 하이퍼리얼리티의 세계, 시뮬라시옹의 논리에 갇혀있었다. Jean Baudrillard, *The Gulf War Did Not Take Place*, 번역 Paul Patton (Sydney: Power Publications, 1995).
14. Benjamin, "Tehories of German Fascism," 128쪽
15. Lebbeus Woods, *War and Architecture* (Princeton: Princeton Architectural Press, 1993), 1쪽
16. 같은 책, 24쪽
17. 같은 책, 31쪽

18. 같은 책, 1쪽
19. 같은 책, 19쪽
20. 같은 책, 21쪽
21. Michel Foucault, "Panopticism," Neil Leach 편저, *Rethinking Architecture* (London: Routledge, 1997), 356-367쪽
22. Michel Foucault, "Space, Knowledge, Power," Leach 편저, *Rethinking Architecture*, 372쪽
23. 같은 책

3. 도취의 미학

1. Georg Simmel, "The Metropolis and Mental Life," in Neil Leach, 편저, *Rethinking Architecture*(London: Routledge, 1997), 70쪽
2. 같은 책, 73쪽
3. 같은 책
4. 같은 책
5. Walter Benjamin, *Charles Baudelaire: A Lyric Poet in the Era of High Capitalism*, 번역. Harry Zohn (London:NLB, 1973), 56쪽
6. Graeme Gilloch, *Myth and Metropolis* (Cambridge: Polity Press, 1995), 121쪽
7. Louis Aragon, *Paris Peasant*, 번역 Simon Watson Taylor (London: Pan Books, 1987), 77-78쪽
8. 같은 책, 130쪽
9. 같은 책, 132쪽
10. Benjamin, *Charles Baudelaire*, 132쪽. Charles Baudelaire, Oeuvres(works), 편저 Yves-Gérard Le Dantec, 2 vols. (Paris: Gallimard, 1954), 2:333 인용하고 있다.
11. Margaret Cohen, *Profane Illumination: Walter Benjamin and the Paris of Surrealist Revolution* (Berkeley and Los Angeles: University of California Press, 1993).
12. Gilloch, *Myth and Metropolis*, 14쪽
13. Walter Benjamin, *Illuminations*, 번역 Harry Zohn (London: Fontana, 1992), 256쪽
14. Benjamin, *Gesammelte Schriften(Collected writings)*, 2:1, 297, Cohen 저, *Profane*

Illumination, 187-188쪽에 인용됨

15. Walter Benjamin, *Reflections*, 번역 Edmund Jephcott (New York: Schocken, 1986), 189쪽
16. 같은 책, 55쪽
17. Benjamin, Reflections, 137쪽
18. 같은 책, 138쪽
19. 같은 책, 139쪽
20. 같은 책, 179쪽
21. 후속 논의는 현재 영향력이 큰 Susan Buck-Morss의 논문 "Aesthetics and Anaesthetics: Walter Benjamin's Artwork Essay Reconsidered," Octoer 62 (Fall 1992), pp. 3-41.에서의 예리한 논평에 크게 빚졌다. 이 주제에 관한 추가적 논의는 Odu Marquard, Aesthetic und Anaesthetica (Paderborn: Ferdinad Schöningh, 1989)를 보라.
22. 프로이트의 후기 이론은 에로스Eros와 타나토스Thanatos, "사랑"과 "죽음", "삶의 본능"과 "죽음의 본능" 이들 간의 충돌에 관해 집중되어 있다. "삶의 본능"으로서의 에로스는 "죽음의 본능"인 타나토스를 향한 경향에 반박하는 역할을 하며 삶을 복잡하게 하는 힘으로 작용한다. 해결과 고요를 추구하는 타나토스는, 프로이드가 볼 때, 인간의 행동에 내재한 기본적인 충동들 중 하나가 된다. 프로이드에서 "죽음의 본능"은 탄생 그 자체의 순간부터 나오는 것으로 보일 수 있다. 탄생은 자궁 속에 있는 그 시간의 기쁨을 뒤엎어 버리는 끔찍한 트라우마의 하나로 비쳐진다. 그런데도 자궁 속에서의 이 기간에 대한 기억은 남아 이 잃어버린 정적, 즉 잃어버린 파라다이스를 회복하기 위한 회귀적 욕망이 뒤이은 삶을 다스린다. 그 결과가 "죽음을 향한 지속적인 추락"과 다르지 않은 평형을 향한 질주, 그것은 마침내 그 간절히 기다리던 해결과 고요함을 제공해준다.
23. Benjamin *Illuminations*, 167쪽
24. Siegfried Kracauer, *The Mass Ornament*, 번역 Thomas Levin(Cambridge: Harvard University Press, 1995), 78-79쪽
25. Benjamin, *Charles Baudelaire*, 134쪽
26. Freud, *Beyond the Pleasure Principle*, Benjamin 저, *Charles Baudelaire*, 114쪽에 인용됨

27. Benjamin, *Charles Baudelaire*, 115쪽
28. 같은 책, 116쪽
29. 같은 책, 117쪽
30. 같은 책, 120쪽
31. Kracauer *The Mass Ornament*, 43쪽
32. Buck-Morss, "Aesthetics and Anaethetics," 22쪽
33. 같은 책, 22-23쪽
34. 이에 관해서는 Buck-Morss를 보라. 또한 Wlad Godzich가 쓴 Paul de Man 저, *The Resistance to Theory* (Minneapolis: University of Minnesota Press, 1986), p x iv.의 서문을 보라.
35. Mark Wigley는 정확하게 그 반대 주장을 한다. "정치비평의 가능성은 따라서 이면에 놓여 있다기보다 그 표면에 있다. 실제로 그것은 표면에 대한 어떤 물신화를 요구한다." Mark Wigley, "Theoretical Slippage," in Sarah Whiting, Edward Mitchell, and Greg Lynn, 편저, *Fetish* (Princeton: Princeton Architectural Press, 1992), p. 122.
36. 접수담당자는 여기서 그녀의 이미지로서 착취당하지만 이는 순진무구한 이미지는 아니다. 그것은 엄격하게 성性구별이 이루어진 시장市場의 법에 따라 상품화 된 이미지다. 매력적인 여성 접수자는 일종의 소비 대상이 되었다. 그렇게 함으로써 사실상 접수담당자는 텔레비전의 호스테스 혹은 자동차 광고에서 이용되는 여성과 마찬가지로 그녀의 섹슈얼리티를 판매한다. 이에 대해서는 G. Dyer, *Advertising as Communication* (London and New York: Methuen, 1982), pp. 120-123.을 보라. 이 메카니즘은 남성 스누커 토너먼트의 수상자 발표에서 옆에 배치되곤 하는 여성 모델의 경우에 증상이 극심하게 된다. 이에 관해서는 J. Hearn과 W. Parkin 저, *"Sex" at "Work": The Power and Paradox of Organisation Sexuality* (Brighton: Weatsheaf, 1987), p.102.를 보라.

4. 패션쇼 무대의 건축

1. Guy Debord, La société du spectacle (Paris: Buchet-Chatel, 1967, and Paris: Editions Champ Libre, 1971). 영문번역: *The Society of the Spectacle* (Detroit: Black and

Red, 1977), 그리고 번역. Donald Nicholson-Smith(New York: Zone Books, 1994). 상황주의자들을 논리 정연한 집단으로 묘사하는 것은 잘못일 것이다. 다른 관련 집단들과 마찬가지로, 그들은 단 하나의 단일화된 세계관을 따르지 않는 개인들로 느슨하게 구성된 집단이다. 그 집단은 끊임없이 유동적이었고, 기 드보르는 모든 구성원들의 관점을 대변할 필요는 없었다. 실제로 1961년까지 드보르는 이상한 70명의 원년 맴버들 거의 모두를 축출하는데 성공했다.

2. Debord, *Society of the Spectacle*, 번역 Donald Nicholson-Smith (New York: Zone Books, 1994), 12쪽
3. Sadie Plant, *The Most Radical Gesture* (London: Routledge, 1993), 1쪽
4. 같은 책, 38쪽
5. 같은 책, 86쪽
6. Vanigem, "Basic Banalities,"는 Ken Knabb이 편집 번역한 *Situationist International Anthology* (Berkeley: Bureau of Public Sectets, 1981), p.125에 실렸고 Sadie Plant의 That Most Radical Gesture의 86쪽에 인용되었다.
7. Plant, *That Most Radical Gesture*, 57쪽
8. Libero Andreotti와 Xavier Costa 편저, *Situationists: Art, Politics, Urbanism* (Barcelona: Actar, 1996), 14쪽
9. Ivan Chtcheglov, "Formulary for a New Urbanism,"은 Knabb 편저, *Situationist International Anthology*의 3쪽과 4쪽에 실렸다.
10. 이에 관해서는 Andreotti와 Costa 공동 편저, *Situationist*를 보라.
11. Jacques Derrida는 Tschumi의 라빌레트 공원 프로젝트(Parc de La Villette project)의 레드 폴리(red follies)를 주사위에 비유하였다. 돌연변이 같은 형태와 그것들이 유발하는 행위 속에서, 폴리는 "의미의 의미"를 가지고 논다. Neil Leach 편저, *Rethinking Architecture* (London: Routledge, 1997), 324-335쪽에 나오는 Jacques Derida의 "Point de Folie-maintenant l'architecture,"를 보라.
12. Debord, "Theory of the Derive," *Internationale Situationiste* 2 (December 1958), Knabb 편저 *Situationist International Anthology*, 2쪽에 재수록 되었다.
13. Ken Knabb, "The Beginning of an Era," Knabb 편저 *Situationist International Anthology* 227쪽

14. Robert Venturi, *Complexity and Contradiction in Architecture* (New York: Museum of Modern Art, 1966), 104쪽
15. Robert Venturi, Denise Scott Brown, and Steve Izenour, *Learning from Las Vegas* (1972; Cambridge: MIT Press, 1988), 6쪽
16. Denise Scott Brown, "Room at the Top? Sexism and the Star System in Architecture," Ellen Perry Berkeley 편저, *Architecture: A Place for Women* (Washington and London: Smithsonian Institution Press, 1989), 237-246쪽
17. 교정판에는 데니스 스캇 브라운이 지적한 것처럼, 글은 "성차별적 표현이 사라지고" 건축가는 더 이상 "그"로 언급하지 않는다. 같은 책, xv쪽
18. Venturi, Scott Brown, Izenour, *Leaning from Las Vegas*, 3쪽
19. 물론, 르 꼬르뷔제는 실제로 1922년에 쓴 "*건축 혹은 혁명*architecture ou Revolution"에서 자신의 작품과 혁명을 대비시켰다. "오늘날 사회적 불안의 뿌리에 놓인 건물에 관한 문제는 건축이냐 혹은 혁명이냐 하는 것이다." (Le Corbusier, *Towards a New Architecture*, 번역 Frederick Etchells [London: Butterworth Architecture, 1989], 269쪽, "건축 혹은 혁명"은 "*건축을 향하여*Vers une architecture"의 원제였다. 르 꼬르뷔제가 정치적 "혁명"을 회피하는 것에 대해 말하며 자신이 그 같은 혁명의 개념을 반대해서가 아니라 오히려 건축에서 정치적인 것을 넘어설 수도 있는 "혁명"의 가능성을 인식하였기 때문이라고 한 것에 대해서는 논쟁이 있을 수 있다. 프레드릭 제임슨Fredric Jameson이 말한 바와 같이, "그는 건설과 새로운 공간의 구축을 가장 혁명적인 행위로 보았고, 그저 권력 장악을 의미하는 협소한 정치적 혁명으로 "대체"될 수도 있다." (Fredric Jameson, "Architecture and the Critique of Ideology," Joan Ockman 편저, *Architecture, Criticism, Ideology* [Princeton: Princeton Architectural Press, 1985], 71쪽)
20. Jean Baudrilllard, "Absolute Advertising, Ground-Zero Advertising," *Simulacra and Simulation*, 번역 Sheila Faria Glaser (Ann Arbor: University of Michigan Press, 1994) 91-92쪽

5. 유혹, 최후의 수단

1. Jean Baudrillard, "On Seduction," *Sellected Writinge* 중에서, 편집 Mark Poster

(Stanford: Stanford University Press, 1988), 149쪽

2. Jean Baudrillard, Seduction, 번역 Brian Singer (New York: St. Martin's Press, 1990), 54쪽

3. 같은 책, 57쪽

4. 같은 책, 58쪽

5. 같은 책, 22쪽, 34쪽

6. 같은 책, 34-35쪽

7. 같은 책, 34쪽

8. 같은 책, 38쪽

9. 같은 책, 41쪽

10. 같은 책, 39쪽

11. 같은 책, 174쪽

12. 같은 책, 178쪽

13. 같은 책, 180쪽

14. Robert Venturi, Denise Scott Brown, Steven Izenour 공저, *Learning from Las Vegas* (1972, Cambridge: MIT Press, 1988), 6쪽

15. Walter Benjamin 저, *Charles Baudelaire: A Lyric Poet in the Era of High Capitalism*, 번역 Harry Zohn (London: NLB, 1973), 134쪽

16. 같은 책, 135쪽

17. Siegfried Kracauer, *The Mass Ornament*, 번역 Thomas Levin (Cambridge: Harvard University Press, 1995), 325쪽

18. Baudrillard, Seduction, 11쪽

19. 같은 책, 158쪽

20. Jean Baudrillard, America, 번역 Chris Turner (London: Verso, 1988), 124쪽

21. Kevin Rhowbotham, *Form to Programme* (London: Black Dog Publishing, 1995)

22. 같은 책, 13쪽

23. 같은 책, 4쪽

24. David Greene, "Beneath the Pavement Is the Beach", Rhowbotham, *Form to Programme*, 7쪽 중에서

25. 같은 책
26. 같은 책, 6쪽
27. Baudrillard, *Seduction*, 178쪽
28. Rhowbotham, *Form to Programme*, 43쪽
29. 같은 책
30. Mark Wigley, "Theoretical Slippage", Sarah Whiting, Edward Mitchell, Greg Lynn 편저, *Fetish* (Princeton Architectural Press, 1992), 92쪽
31. Guy Debord, *The Society of the Spectacle* (Detroit: Black and Red, 1983), 20쪽, Andrew Hewitt, *Fascist Modernism: Aesthetics, Politics, and the Avant-Garde* (Stanford: Stanford University Press, 1993), 183쪽에 인용 됨.

역주

서문

[1] 숙명적 전략(Fatal strategies): 프랑스의 포스트모던 문화이론가인 장 보드리야르의 『Les Stratégies Fatales』(Paris: Bernard Grasset, 1983)의 제목이다. "숙명적 전략"은 보드리야르가 객체에 대한 주체의 우위를 주장하는 근대철학의 인식론에서 주체가 사물을 지배하고 통제하고자 하는 전략을 "진부한 전략 banal strategies"으로 규정하고 그 반대 개념으로 제시한 용어로서 생산과 소비의 시대에 궁극적으로 사물이 주체를 이기는 전략을 말한다. 마크 포스터Mark Poster는 『Jean Baudrillard Selected Writings』(Stanford Univ Pr, 1988, p206)에서 "fatalité(fatality)"와 "fatale(fatal)"이란 용어는 영국영어와 프랑스어에서는 일차적 의미로 '운명 지워진predestined', '어찌할 수 없는inevitable'의 의미를 지니며, 이차적으로는 '무서운dreaded', '불운한doomed', '재난스러운disastrous'의 뜻으로 쓰이며, 미국영어에서는 순서가 뒤바뀌어 일차적으로는 '죽음과 같은deadly'의 뜻으로 쓰이고, 'fateful'과 'fated'는 일차적으로는 '어찌할 수 없음inevitability', 이차적으로는 '죽음death', '재난disaster'의 의미로 쓰인다고 지적한다. 포스터는 보드리야르가 이 용어가 지니는 두 가지 의미를 모두 사용하고 있다는 점을 환기시키며 독자들에게 이중적 의미를 견지할 것을 주문한다. 보드리야르에게 있어서 "숙명적 전략"은 "화해하지 않는 원칙" "악마의 원칙"으로서 사물이 주체를 소외와 소멸의 극단으로 몰아가는 것을 말한다.

역주

1. 이미지 포화상태

[1] 시뮬라시옹(Simulation): 보드리야르의 『Simulacres et Simulation(시뮬라크르와 시뮬라시옹)』(Paris: Galilée, 1981)에서 나온 개념으로서 시뮬라크르Simulacra는 실제로 존재하지 않는 대상을 존재하는 것처럼 만들어 놓은 인공물을 지칭한다. 시뮬라시옹Simulation은 시뮬라크르의 동사적 의미로서 <시뮬라크르하기>이다. 시뮬라시옹은 "실재reality"와 어떤 관계나 기반이 없는 하이퍼리얼리티를 산출하는 작업이다. 허구fiction, 거짓lie과는 다른 시뮬라시옹은 그 속에서 부재absence를 현존presence처럼, 상상적인 것the imaginary을 실재하는 것the reality처럼 보여줄present 뿐만 아니라 실재적인 것the real을 시뮬라시옹 그 자체에 흡수함으로써 실재적인 것과의 대조를 약화시킨다.

[2] 하이퍼리얼리티(Hyperreality): 시뮬라시옹에 의해 창출되는 리얼리티로서, 과도한 실재 즉 극실재로 해석되기도 한다. 보드리야르에 따르면 컴퓨터 코드의 가상현실처럼 수학적으로 생산되는데, 실재reality보다 더 실재 같은 "원본이 없거나 리얼리티를 상실한 현실적(혹은 현실과 같은) 모델"을 말한다.

[3] 물화(物化, Reification): 게오르크 루카치Georg Lukács가 1923년《역사와 계급의식》의 <물화와 프로레타리아의 의식>에서 물화의 개념을 체계적으로 정리하였고, 당시 지배적인 삶의 형식을 사회적 물화의 결과로 분석하였다. 물화는 다른 주체들을 인간적 속성에 맞추어 대하지 않고 느낌과 생명이 없는 "물건"이나 "상품"처럼 취급하는 것을 의미한다.

[4] 예술행동주의(Artistic Activism): 정서적으로 감동을 주는 예술의 창조적 힘과 사회변하에 필요한 행동주의의 전략적 계획을 결합한 실천운동이다. 예술행동주의는 정서적 영향affective effect과 실질적인 정서effective affect의 결합을 추구한다. 1960년대 전 지구적인 정치적 대격변은 극단적인 예술의 변화와 나란히 하였는데, 1960년대의 예술가들은 불평등, 갈등, 권력이양을 경험하였기 때문에 그들의 작품은 어쩔 수 없이 영향을 받았고 종종 예술은 저항 행위로서의 역할을 수행하였다. 그러나 전통적인 예술적 관점과 행동주의 관점으로부터 공격을 받았다. 오늘날 상황과는 다른 전통적 예술비평은 예술적 질의 관점에서 작동하였는데, 예술행동주의는 예술적으로는 그다지 좋지 않다는 비판을 받았다. 그리고 행동주의 관점에서 정치의 "심미화aestheticization"와 "스팩터클화spectacularization"는 정치적 저

항의 실질적인 목적으로부터 주의를 돌린다는 측면에서 좋지 않은 것이었다.

[5] 브루탈리즘(Brutalism): 20세기 초 근대근축에 이어 1950년대에 출현한 건축양식으로서 엄격한 기하학적 스타일과 콘크리트의 대규모 이용으로 육중하고 거대한 덩어리의 외관을 특징으로 "브루탈리즘" 용어는 영국의 건축가 스미스슨 부부 Alison and Peter Smithson가 처음 사용하였고, 1954년 건축역사가 레이너 밴험Reyner Banham에 의해 대중적으로 알려지게 되었다. 그 용어는 르꼬르뷔지에가 사용한 프랑스어 béton brut(raw concrete, 가공되지 않은 콘크리트)으로부터 유래하였다. 고도로 표현적인 형태를 만들어내는데 있어서 재료, 질감, 구축을 강조하는 건축양식이다.

2. 파시스트와 같은 건축가

[1] 헤테라키(Heterarchy,이질적 위계조직): 조직의 구성요소들이 서열이 매겨지지 않거나unranked 비위계적인non-hierarchical 조직체계 혹은 다양한 방식으로 서열지어지게 되는 잠재성을 지닌 조직체계로서 좀 더 비형식적인 조직을 일컫고 그 조직에서는 구성 요소들이 공식적인 위치 없이 존재할 수도 있으며 맥락에 따라 포지셔닝이 결정된다. 시스템의 정렬 구조가 수직적 패턴을 형성하며 좀 더 작고 특수한 부분들이 더 크고 통합적인 시스템 내에서 계열을 이루는 하이어라키(Hierarchy, 위계조직)와 더불어 뚜렷이 구분되는 기본적인 조직원리이다.

3. 도취의 미학

[1] 신성한 응결물(divine concretion): 루이 아라공이 『파리의 농부』에서 인간을 지칭하여 사용한 용어이다. 그에게 있어서 인간이란 열린 하늘에 던져져 빨아들이는 스펀지처럼 신들로 가득 차 있는 존재였고, 이 신들은 살아가고 힘의 정점에 이르고 죽어 다른 신에게 향기로운 제단을 남기는 삼라만상의 모든 조화의 바로 그 원리들이며 그들에게 움직임은 필연적인 것이라고 생각하였다. 이 부분이 움직이는 신화에 대한 아이디어를 구체화하기 시작한 지점이다.

[2] 세속적 깨달음(profane illumination): 1929년 에세이 "초현실주의: 유럽 지식층 최후의 스냅샷(Surrealism: The Last Snapshot of the European Intelligentsia)" 에서 초현실주의 경험, 인식, 그리고 예술의 핵심 구송요소를 기술하기 위해 발터 벤야

민이 사용한 용어이다. <세속적 깨달음>은 때로는 꿈이나 대마초에 기대어 인간이 가장 평범한 즉 더 이상 쓸모없는, 이상한, 비이성적이고 초자연적인 일상의 현실에서 간과되어 온 사물들을 인식하기 위한 어떤 과정을 묘사한다. 이 깨달음은 "선험적 관조" 즉 이성의 관념론적 깨달음과는 대립되는 개념으로서 감각적인 인간의 활동, 실천을 기반으로 하는 깨달음이다. 이 책에서는 종교적 깨달음(religious illumination)과 대비시키고 있다.

[3] 판타스마고리아(phantasmagoria): 주마등(走馬燈), 해골, 악마, 유령과 같은 무서운 이미지를 벽, 연구 혹인 반투명 스크린에 보이지 않는 곳에서 마술 램프를 사용하여 비추었던 공포 극장의 한 형태를 말한다. 일반적으로 환상적이고, 기이한 혹은 상상에 의한 이미지가 결합되거나 연속적으로 변하는 것을 지칭하기 위한 용어로 사용된다. 발터 벤야민은 판타스마고리아에 매료되었고 파리에서의 아케이드의 경험을 묘사하기 위한 용어로 사용하였다. 에세이에서 그는 상품문화와 물질적 지적 생산품에 대한 경험을 판타스마고리아와 결합시키고, 상품의 판타스마고리아적 힘에 대한 막스의 진술을 확장시켰다.

[4] 플라네르(flâneur): 프랑스로부터 유래한 용어로서 "거니는(산책하는) 사람 stroller", "빈둥거리는 놈팡이lounger", "어슬렁어슬렁 걷는 사람saunterer", 혹은 "빈둥거리며 시간을 보내는 사람loafer"을 의미한다. 근접한 유의어는 "(파리의) 큰 거리를 서성거리는 건달boulevardier"이다. 플라네르는 사회에 대한 예민한 관찰자가 되기보다 다른 목적을 가지지 않은 채 사회와 떨어져 거니는 능력을 보이는 도시 부유층의 양면적 인물이다. 플라네르는 파리의 거리 풍경에 등장하는 19세기 프랑스의 문화적 유형으로서 그 용어는 여가를 즐기는 사람the man of leisure, 게으름뱅이the idler, 도시탐험가the urban explorer, 거리 감정사the connoisseur of the street와 같은 풍부한 연상 의미를 담고 있다. 보들레르의 시에서부터 끌어와 도시와 근대적 경험의 상징적 원형으로서 20세기 학문적 관심의 대상으로 만든 것은 벤야민이었다.

[5] 미메시스(mimesis): 모방imitation, 비감각적인 유사성nonsensuous similarity, 수용성receptivity, 재현representation, 흉내mimicry, 표현행위the act of expression, 닮기the act of resembling, 자아의 표현the presentation of the self등의 광범위한 의미를 포함한다. 벤야민은 미메시스 능력을 직관, 오성, 상상력 등 모든 심성능력에 작용하는 능력으

로 보았다. 그는 미메시스의 유용성 문제에 천착하였는데, 즉 미메시스 능력은 무엇을 위한 것인가에 대해 물으며, 미메시스를 주변세계와 "비슷해지고 비슷하게 행동해야만 하는 엄청난 압박"에 뿌리를 두고 있다고 보았다. 특히 동물세계와 어린 아이의 세계에서 두드러지게 발견되는 생존과 관련한 태도로 이해하였다.

4. 패션쇼 무대의 건축

[1] 국제상황주의(Situationist International): 전위예술가, 지식인, 정치이론가들로 구성된 사회개혁을 위한 국제조직으로 1957년에 결성되어 1972년에 해체되었다. 국제상황주의의 지적 토대는 반권위주의 마르크스주의와 20세기 초 전위적 예술운동 특히 다다와 초현실주의에 뿌리를 두고 있다. 상황주의는 사회적 소외와 상품물신숭배의 고통이 선진자본주의에서는 생활과 문화의 전반에 퍼져있다고 주장하며 선진자본주의의 성공이 사회적 역기능과 일상생활의 저하를 능가한다는 주장을 거부한다. 상황주의는 점차 사물object을 통한 사회관계의 표출과 중재가 증가하는 방향으로 흐르는 선진자본주의의 경향에 대해 스펙터클spectacle이라는 개념을 통해 비판하였다. 국제상황주의가 처음 결성되었을 때에는 예술에 초점을 두고 통합적 도시계획과 심리지리학과 같은 개념을 강조하였으나 점차 진보적 정치이론으로 초점이 전환되었고 기 드보르의 『스펙타클의 사회』와 라울 바네겜의 『일상생활의 혁명』의 출판으로 국제상황주의 운동은 정점을 이루었다.

[2] 파리마치(Paris-Match): 프랑스 주간 뉴스 잡지, 유명인사의 라이프스타일 특성과 함께 프랑스 국내와 국외 뉴스를 다룬다. 1938년 Match시합라는 명칭의 스포츠 뉴스잡지로 창간되었다가 1949년 Paris Match로 새롭게 선보이게 되었다.

[3] 이미지주의 바우하우스 국제운동(International Movement for Imaginist Bauhaus): 코펜하겐, 브뤼셀, 암스테르담 중심의 유럽 아방가르드 운동(COBRA) 멤버였던 덴마크 출신 화가 아스게르 요른Asger Jorn, 핵 예술운동Nuclear Art Movement의 이탈리아 화가 엔리코 바이Enrico Baj, 세르지오 단젤로Serjio Dangelo에 의해 시작된 운동이다. 스위스 건축가 막스 빌Max Bill이 폴 클레Faul Clee와 바실리 칸딘스키Wassily Kandinsky가 지도하였던 바우하우스를 회화, 상상력, 환상, 기호와 상징에 대한 연구를 제거한 기술교육 중심으로 재구축하려는 데에 반대하는 예술운동으로 시작되었다.

[4] 오토마티즘(automatism): 예술에서의 오토마티즘은 의식적인 사고 없이, 창조적인 과정의 일부로서 생각이 흐르는 대로 그림을 그리는 화법이다. 자동적 회화기법은 잠재의식 표현의 수단으로 초현실주의surrealists에 의해 개발되었다.

[5] 반동적 정치(reactionary politics): 정치과학에서 현 사회 상황에는 없는 특성들을 지니고 있었다고 믿는 이전 사회의 정치 상태로의 회귀를 지지하는 정치적 시각을 고수하는 것을 의미한다.

5. **유혹, 최후의 수단**

[1] 입증행위(monstration): 시위demonstration와 유사하지만, 창조적 행위예술로 의도된 대중 퍼포먼스로서 종종 진지한 시위를 패러디하는데 이용된다. 주로 러시아에서 잘 알려진 플래시몹flash mob의 일종으로 터무니없는 비정치적 슬로건을 내건 배너와 플래카드를 지니고 거리를 점거한다. 다니엘 다얀Daniel Dayan은 텔레비전이 어떻게 대중의 관심을 만들어 내고, 충족시키며, 관리하는지에 대한 분석에서 미디어의 중개 역할a mediated performance에 대한 용어로 사용하였다.

[2] 리비도경제(libidinal economy): 리비도(libido)는 정신분석학에서 정신의 거대한 무의식적 구조인 이드에 포함된 정신적 에너지, 특히 성욕 또는 성적 충동을 지칭하기 위해 지그문트 프로이드Sigmund Freud가 욕망 혹은 소망을 뜻하는 라틴어 어휘를 차용하여 처음 사용하였다. 프로이드는 리비도의 본성은 전적으로 성적이라고 생각하였고, 카를 융Carl Gustav Jung, 질 들뢰즈Gilles Deleuze와 같은 학자는 일종의 생의 힘 또는 삶의 힘으로 보았다. 프로이드에 따르면 문명은 원래 자연스러운 성욕에 대해 좀 비틀어진 것으로 난틀어 분명 안에서 삶을 영위하기 위한 창조적 에너지로 변환하는 과정을 거치게 된다. 이는 곧 리비도경제라는 개념으로 이어지는데 억압된 리비도는 없앨 수 있는 것이 아니라 오히려 고차원적인 충동으로 환원된다. 이를 "승화catharsis"라고 프로이드는 명명했다. 장 프랑소와 리오타르Jean François Lyotard는, 1974년 『리비도경제Libidinal Economy』에서 성Sex, 정신분석Psychoanalysis, 경제학Economics을 주제로 다루었다.

[3] 지시체와 뜻(reference and sense): 단어words의 의미meaning에 대해 이야기하는 뚜렷이 구별되는 방식으로서 지시체에 대해 말하는 것talking of reference은 나와 세계와의 관계를 다루는 것이고, 뜻에 대해 말하는 것talking of sense은 언어 내부의 관계

에 대해 말하는 것이다. 예를 들어, 지시체를 수단으로 화자는 그 사물이 이야기되고 있다는 것을 가리킨다. 하나의 표현에 대한 뜻sense of an expression이라는 것은 내 속의 다른 표현들과의 의미론적 관계를 지니는 체계a system 속에서의 위치place를 말한다.

[4] 수행성(performativity): 언어가 사회적 행위의 한 형태로서 기능하고 변화에 대한 효력을 지니는 것으로 생각할 수 있다는 개념으로 행위나 행위를 완결하기 위한 발화speech와 의사소통communication의 역할을 설명하기 위한 용어로서, 언어학자 존 오스틴John L. Austin은 이 능력을 일종의 특수한 역량으로 언급할 때 처음 정의하였다. 수행적 언어의 일반적인 예는 약속하기, 베팅하기, 결혼식 수행 등이 있다.

[5] 설득의 건축(an architecture of persuasion): 『라스베가스의 교훈』에서의 「설득의 건축」은 상업적 설득을 위한 공간으로 언어와 상징이 동원된다. 여기에서 저자들은 운전자를 상점으로 끌어들이기 위한 슈퍼마켓의 전면 주차장, 고속도로를 면해 설치된 광고 표지판 등을 예로 제시하고 있다.

[6] 별의 아메리카(Astral America): 보드리야르는 미국 기행문인 『아메리카』에서 텅 빈 광물성 지표면의 아메리카, 절대적인 자유의 아메리카, 의례적 행위들의 감정 없는 연속들과 같은 인상들을 압축하여, 순수 순환의 서정적인 자연lyrical nature of pure circulation, 즉 「별의 아메리카」로 명명하였다.

색인

옮긴이의 글

옮긴이가 이 책을 만난 것은 〈건축사회학〉 분야의 연구를 건축계로 끌어 와 건축의 자양분으로 삼을 수 있도록 단초를 놓는 것을 일생의 과업으로 정하고 학위논문을 준비할 때였다. 꼬리에 꼬리를 물고 건축사회학 관련 연구자, 철학자, 사회학자, 문화 이론가들을 더듬어 가던 중에 이 책과 조우하게 되었다. 당시 건축계의 분위기와는 다른 아우라를 풍기던 이 책은 교육계, 학계, 비평계, 실무에 만연한 건축미학과 형태주의의 그늘을 이해할 수 있게 해주었다. 한국 건축계가 말하지 않는 것들, 그때까지 삶과 배움의 노정이 어디를 향하고 있는지 알지 못한 채 휩쓸려 온 스스로를 외부의 시선을 통해 비로소 깨닫게 되었다.

닐 리치의 원서가 출간된 이후 이미 20년이 흘렀다. 그러나 지금도 건축계는 자본이 떠미는 자기소외의 늪을 인식하지도 못한 채 내용 없는 건축미학과 형태주의의 신화에 사로잡혀 있다. 그러한 의미에서 그의 우려는 여전히 유효하다. 오히려 컴퓨터를 통한 다양한 디지털 표현기법이 고도로 발달한 시대에 그 우려가 더욱 깊어진 상황이라는 것이 정확할지 모르겠다. 뒤늦은 감은 있지만 그것이 이 책을 국문으로 옮기기로 결심한 이유 중 하나이다. 건축을 위한 건축을 위해 건축미학과 형태주의에 집착할 것이 아니라 그 운용의 이유와 인간과 삶에 대한 건축의 본질을 이해하고 그 너머로 나아가야 한다. 달을 가리키는 손가락을 쳐다볼 것이 아니라 달을 보아야 마땅하지 않겠는가?